计算机基础及其多元化教学探索与实践

黄晓玲　陈荣荣　著

中国原子能出版社

图书在版编目（CIP）数据

计算机基础及其多元化教学探索与实践 / 黄晓玲，
陈荣荣著. -- 北京：中国原子能出版社，2024. 11.
ISBN 978-7-5221-3879-4

Ⅰ. TP3-42

中国国家版本馆 CIP 数据核字第 2024A0M021 号

计算机基础及其多元化教学探索与实践

出版发行	中国原子能出版社（北京市海淀区阜成路 43 号　100048）
责任编辑	陈　喆
责任印制	赵　明
印　　刷	北京天恒嘉业印刷有限公司
经　　销	全国新华书店
开　　本	787 mm×1092 mm　1/16
印　　张	14.75
字　　数	203 千字
版　　次	2024 年 11 月第 1 版　2024 年 11 月第 1 次印刷
书　　号	ISBN 978-7-5221-3879-4　　　定　价　87.00 元

网址：http://www.aep.com.cn　　　　　E-mail：atomep123@126.com
发行电话：010-88828678　　　　　　版权所有　侵权必究

前　言

在信息化时代，计算机作为连接技术与社会的桥梁，其重要性日益凸显。它不仅构成了信息技术领域的基石，也是推动各行各业数字化转型的关键力量。随着科技的飞速发展，计算机基础知识与技能已成为现代人必备的基本素养之一，深刻影响着人们的学习、工作与生活。相应地，计算机基础教育面临着前所未有的机遇与挑战。如何在教学内容上紧跟技术前沿，同时兼顾不同学生的需求与特点，实现多元化教学目标，成为当前教育改革的重要议题。计算机基础多元化教学探索与实践，旨在打破传统单一的教学模式，通过融入多种教学策略，激发学生的学习兴趣，提升其自主学习与创新能力。

基于此，本书聚焦于计算机基础及其多元化教学的探索与实践，全面剖析当前计算机基础教学中多元化教学的必要性与可行性。本书着重审视计算机基础教学的理论依据、影响因素和方法模式，同时对计算机基础教学中的多元化教学理念、教学内容与方法的创新，以及新兴技术在教学中的应用等内容进行探讨，为计算机基础教学与多元化教学提供理论支持。另外，本书特别关注计算机基础教学的实用性与创新性，从课程设计、教学资源、教学方法等角度出发，展示多元化教学在计算机基础教学中的实际应用，为教师提供切实可行的教学参考。

本书内容丰富、结构紧凑，既适合一线教师作为教学参考书，也适合教育技术研究者作为研究资料，对推动计算机基础教学的多元化发展具有重要的指导意义。本书在行文中注重逻辑结构的清晰性和内容的系统性，确保读者能够获得有益的启示和指导。希望本书的出版可以为计算机基础教育事业提供新思路和新方法。

作者在写作过程中，得到了许多专家、学者的帮助和指导，在此表示诚挚的谢意。由于作者水平有限，加之时间仓促，书中所涉及的内容难免有疏漏之处，希望各位读者多提宝贵意见，以便进一步修改，使之更加完善。

目　录

第一章　计算机概论

本章从计算机的基本特征与分类入手，勾勒出这一领域的基本轮廓。随后，通过回顾计算机的发展历程与展望未来趋势，揭示其进步与变革轨迹。最后，深入剖析计算机基础在现代社会中的重要性，为后续章节的深入探讨奠定基础。

第一节　计算机的特征与分类

一、计算机的根本特征

第一，自动运行程序，实现操作自动化。当需要利用计算机来解决问题时，只需启动计算机并输入预先编制好的程序，计算机便可以自动执行这些程序。在整个运算、处理和控制过程中，通常不需要人为直接干预。这种操作的自动化特性极大地提高了工作效率和准确性，减少了人为操作的误差，适用于各种复杂任务的自动化处理。

第二，运算速度快。计算机的运算速度是其性能的重要指标，通常以每秒钟执行定点加法的次数或平均每秒钟执行指令的条数来衡量。现代巨型计算机的运算速度已经达到每秒千万亿次，而微型计算机的运算速度也可达到每秒亿次以上。这种高速运算能力使得计算机能够处理大量复杂的科学计算问题，极大地推动了科学技术的发展。运算速度的提升不仅提高了计算任务的效率，还拓展了计算机在各个领域的应用范围。

第三，精确度高。计算机在计算过程中具有极高的精确度，其计算结果的数字位数可以根据实际需要进行调整。这种高精度使得计算机在处理复杂数据和进行科学研究时，能够提供可靠和准确的结果。无论是在工程设计、科学研究，还是金融分析等领域，计算机的高精度计算能力都发挥着重要作用。

第四，具有记忆（存储）能力。计算机具有强大的记忆能力，即存储信息的能力。现代计算机可以将大量的信息存储在各种存储介质中。例如，一张光盘可以存储 900 万字的百科全书，一个闪存盘可以存储一年的报纸内容。计算机的存储能力不仅体现在容量大，还体现在存取速度快、可靠性高等方面。这种强大的记忆能力使得计算机在信息存储与管理中具有不可替代的优势。

第五，具有逻辑判断能力。计算机不仅能够进行数值计算，还具有逻辑判断和推理能力。这种能力使得计算机能够处理各种非数值数据，从而广泛应用于信息检索、自动驾驶、辅助学习、疾病诊断、语言翻译、文件处理、图像识别和机器人控制等领域。计算机的逻辑判断能力源自其内部的逻辑电路和算法，通过对输入信息进行逻辑运算和推理，计算机能够做出相应的决策和操作。

二、计算机的主要分类

计算机从 1946 年诞生并发展到今天，其种类繁多，可以从不同的角度对计算机进行划分。

（一）根据信息表示形式和处理方式进行分类

计算机处理的信息，在机内可用离散量或连续量两种不同的形式表示。

离散量又称断续量，即用二进制数字表示的量（如用断续的电脉冲来表示数字 0 或 1）。连续量则用连续变化的物理量（如电压的振幅等）表示被运算量的大小。可用一个通俗的比喻来大致说明离散量和连续量的含义。在传统的计算工具中，算盘运算时，是用一个个分离的算珠来代表被运算的数值，算珠可看成是离散量；而用计算尺运算时，是通过拉动尺片，用计算尺上连续变化的长度来代表数值的大小，这便是连续量。

根据计算机信息表示形式和处理方式，可将计算机分为以下三大类：

第一，数字计算机。数字计算机内部的信息用数字"0"和"1"来表示，数字计算机精度高、存储量大、通用性强。人们通常所说的计算机就是指电子数字计算机。

第二，模拟计算机。模拟计算机是用连续变化的模拟量来表示信息，计算精度较低，所有的处理过程均需模拟电路来实现，电路结构复杂，抗外界干扰能力差。美国贝尔实验室于 1947 年研制出第一台全电子直流模拟计算机。1959 年，我国天津市电子仪器厂研制出具有非线性部件的模拟计算机，并投入小批量生产，该机可解 12 阶线性和非线性微分方程。1958 年，华南工学院研制出电子管模拟计算机，可解 6 阶线性和非线性微分方程。这是中国最早进行批量生产的模拟计算机。

第三，数字模拟混合计算机。数字模拟混合计算机既能处理数字量，又能处理模拟量。我国于 20 世纪 60 年代中期，先后研制出多种型号的数字模拟混合计算机。如 M-2、M-6 等大型混合模拟计算机，就是这一时期的成果。

（二）根据计算机的用途进行分类

第一，通用计算机。通用计算机的用途广泛，功能齐全，可适用于各个领域，一般的数字计算机多属此类。

第二，专用计算机。专用计算机是为某一特定用途而设计的计算机。它的硬件和软件的配置依据解决特定问题的需要而定，如工厂使用的工控机、超市收银机等就是专用计算机。

（三）根据计算机的规模与性能进行分类

计算机按其规模、速度和功能可分为巨型计算机、大型计算机、小型计算机、微型计算机和工作站 5 种类型。这些类型之间的基本区别通常在于体积大小、结构复杂性、功率消耗、性能指标、数据存储容量、指令系统、软件配置等方面的不同。

第一，巨型计算机。巨型计算机（又称超级计算机）是运行速度最快、处理信息量最大、容纳用户最多、价格最高的一种计算机。巨型计算机可以执行非常复杂的计算，并且能够完成复杂数据的综合分析，一般用于求解复杂的科学计算问题。例如，计算并绘制洲际弹道导弹的运行轨迹、进行中长期天气预报、实现卫星及飞船的空间导航等。

第二，大型计算机。大型计算机在规模上不及巨型计算机，但也有很高的运算速度、很大的存储容量和很强的数据处理能力，一般用于大型企业和一般的科研部门，以及需要进行大量数据处理、存储和管理的其他部门和机构。IBM 公司是全球大型计算机的主要提供商，平均每台 IBM 大型计算机的起步价约为 100 万美元。

第三，小型计算机。小型计算机规模较小，成本较低，维护容易且用途广泛，既可以用于科学计算，又可以用于数据处理，适合中小型企业、单位采用。

第四，微型计算机。微型计算机又称个人计算机（PC），包括台式计算机和笔记本式计算机。它有体积小、功耗小、成本低等优点，性能价格比明显高于其他类型计算机，因而得到了广泛应用。

第五，工作站。工作站是一种高档的微型计算机，介于小型计算机和 PC 之间。工作站和 PC 的主要区别在于工作站通常配有高分辨率的大屏幕显示器、很大容量的内存储器和外存储器，并且具有较强的信息处理功能和高性能的图形图像功能以及联网功能，特别适合于 CAD/CAM 和办公自动化。这里讲的工作站和网络系统中的工作站有些区别，网络中的工作站可以是通常的 PC，而这里描述的工作站则具有比普通 PC 更高一级的计算机配置。

第二节　计算机的发展历程与趋势

一、计算机技术的发展历程

计算机技术的发展，作为人类科技进步的重要里程碑，其演进历程可划分为多个阶段，每个阶段都以其独特的技术革新和应用拓展，深刻影响了人类社会的方方面面。从最初的电子管计算机到如今的超大规模集成电路计算机，乃至未来即将涌现的新型计算技术，计算机技术不断突破自我，展现出强大的生命力和无限的潜力。

（一）电子管时代：计算机技术的奠基

1946 年至 1957 年间，计算机技术处于初级阶段——电子管时代。这一时期的计算机，以电子管作为核心的逻辑元件，实现了数据的存储与自动处理，标志着信息处理方式的根本性变革。尽管此时的计算机体积庞大、运算速度缓慢、存储容量有限且可靠性较低，但其诞生却为后续的计算机技术发展奠定了坚实的基础。科学计算成为这一时期计算机应用的主要领域，而 ENIAC、IBM650 等经典机型更是成为计算机发展历程中的里程碑。

（二）晶体管时代：性能与应用的双重飞跃

随着电子技术的不断进步，晶体管逐渐取代了电子管，成为计算机的主要逻辑元件，从而开启了计算机技术的晶体管时代（1958—1964 年）。

晶体管的引入不仅大幅缩小了计算机的体积，还显著提升了其运算速度和可靠性。同时，内存储器开始采用磁芯体，并引入了变址寄存器和浮点运算部件，进一步增强了计算机的数据处理能力。在软件方面，高级程序设计语言的诞生极大地降低了编程的复杂性，使得计算机的应用范围从科学计算扩展到数据处理和工业控制等领域。IBM7090、IBM7094 等机型的出现，标志着计算机技术向更高层次迈进。

（三）集成电路时代：标准化与模块化的崛起

进入 20 世纪 60 年代中期，计算机技术迎来了集成电路时代。这一时期的计算机开始采用半导体中、小规模集成电路作为核心元件，取代了晶体管等分立元件。半导体存储器的应用进一步提升了计算机的存储容量和运算速度，而微程序设计技术的引入则简化了处理机结构，使得计算机的设计和生产更加标准化、模块化和系列化。在软件方面，多道程序、并行处理、虚拟存储系统等技术的广泛应用，极大地提高了计算机系统的性能和资源利用率。IBM360 系列和富士通 F230 系列等机型的推出，标志着计算机技术进入了新的发展阶段。

（四）大规模集成电路时代：微型化与普及化

自 1972 年起，计算机技术步入了大规模和超大规模集成电路时代。这一时期的计算机不仅体积更小、功耗更低、性能更强，而且价格也更加亲民，从而推动了计算机的普及化进程。大规模集成电路技术的应用使得运算器、控制器等部件能够集成在一个小型芯片上，从而催生了微处理器的诞生。微处理器的出现极大地降低了计算机的制造成本和复杂度，使得计算机能够广泛应用于各行各业。同时，随着系统软件、开发工具和应用程序的日益丰富和完善，计算机的功能也日益强大和多样化。如今，计算机已经成为现代社会不可或缺的一部分，其应用领域几乎覆盖了人类社会的所有方面。

二、计算机技术的发展趋势

在回顾了计算机技术的演进历程之后，我们不难发现其发展趋势呈现出多元化、智能化、网络化和多媒体化等特点。未来计算机技术的发展将继续沿着这些方向不断前行，为人类社会带来更多的变革和惊喜。

第一，多极化趋势。巨型机与微型机并存。随着计算机技术的不断发展，计算机的类型将越来越多样化。一方面，巨型计算机以其强大的计算能力和高度的可靠性将继续在尖端科学技术领域和国防事业中发挥重要作用；另一方面，微型计算机则以其小巧便携、价格低廉和易于操作的特点受到广大用户的青睐。这种巨型机与微型机并存的局面将形成计算机技术的多极化格局，满足不同领域和不同用户的多样化需求。

第二，智能化趋势。模拟人类思维与行为。智能化是计算机技术发展的重要趋势之一。未来的计算机将具备更强的模拟人类感觉和思维的能力，能够进行复杂的模式识别、图像识别、自然语言处理、博弈、定理证明等任务。同时，随着人工智能技术的不断进步和普及，计算机将逐渐具备自动编程、测试和排错等能力，从而进一步提高软件开发和测试的效率和质量。此外，智能机器人、智能家居等智能化产品的出现也将为人们的生活带来极大的便利和乐趣。

第三，网络化趋势。实现全球资源共享。计算机网络化是计算机技术发展的必然趋势。随着通信技术的不断进步和普及，计算机之间的连接将越来越紧密和便捷。未来的计算机网络将形成一个规模庞大、功能强大的网络结构，实现全球范围内的资源共享和信息交流。无论是科研机构、企业还是个人用户都可以通过计算机网络获取所需的信息和资源从而推动社会进步和经济发展。

第四，多媒体化趋势。丰富信息表达形式。多媒体技术的发展将使得计算机能够处理更加丰富多彩的信息形式。未来的计算机将具备强大的多媒体处理能力，能够同时处理文本、图像、视频、音频等多种媒体信息，并将这些信息有机地融合在一起，形成一个具有强大交互性和沉浸感的信息处理系统。多媒体技术的应用将进一步丰富人们的信息获取方式，提高信息处理的效率和质量，同时也将为娱乐、教育、医疗等领域带来前所未有的变革。

第三节 计算机基础的重要性分析

一、计算机基础在不同领域的重要性

计算机基础知识不仅在 IT 行业至关重要，在其他各个领域也有着广泛的应用。以下从教育、医疗、金融、制造业和服务业等领域，详细探讨计算机基础知识的重要性。

第一，教育领域。在现代教育中，计算机技术已经成为重要的教学工具。通过计算机辅助教学，教师可以使用多媒体课件、生动形象的动画和视频来辅助讲解，提高教学效果。同时，学生也可以通过计算机进行自主学习、在线讨论和资源共享。掌握计算机基础知识，有助于教师更好地应用教学工具，提升教学质量；也有助于学生更好地利用网络资源，提升学习效率。

第二，医疗领域。计算机技术在医疗领域的应用极大地提高了医疗服务的质量和效率。电子病历、医疗信息管理系统、远程医疗和医学影像处理等，都依赖于计算机技术的支持。医疗从业人员掌握计算机基础知识，可以更好地使用这些系统，提高工作效率和服务质量，改善患者的就医体验。

第三，金融领域。金融行业高度依赖计算机技术进行数据处理、风险分析、交易执行和客户管理等。金融从业人员掌握计算机基础知识，可以更好地使用金融软件，进行数据分析和风险管理，提高工作效率和决策准确性。同时，计算机基础知识也是防范网络金融风险的重要技能，帮助从业人员识别和应对网络安全威胁。

第四，制造业。计算机技术在制造业中的应用，包括计算机辅助设计（CAD）、计算机辅助制造（CAM）、生产过程监控和管理等。制造业从业人员掌握计算机基础知识，可以提高生产效率和产品质量，减少资源浪费和生产成本，增强企业的竞争力。

第五，服务业。在服务业中，计算机技术广泛应用于客户关系管理、服务质量监控、业务流程优化等方面。服务业从业人员掌握计算机基础知识，可以更好地使用管理软件，提高客户服务质量和工作效率，提升客户满意度和忠诚度。

二、计算机基础对个人发展的重要性

掌握计算机基础知识对个人的发展具有深远的影响。在信息化社会中，计算机基础知识已经成为一种基本技能，是个人综合素质的重要组成部分。以下将从就业竞争力、工作效率、学习能力和生活质量等方面，详细探讨计算机基础知识对个人发展的影响。

第一，提高就业竞争力。在当今职场环境中，计算机基础知识已成为多数职位的必备要求。不论是在信息技术（IT）行业还是其他非 IT 行业，雇主普遍期望员工能够熟练操作计算机以完成工作任务。因此，掌握计算机基础知识对于求职者而言，能够显著提升其就业竞争力，增加就业机会并拓宽职业发展空间。

第二，提升工作效率。计算机基础知识使员工能够更有效地运用各种办公软件和管理系统，从而提高工作效率和质量。例如，熟练运用电子邮件、即时通信工具以及项目管理软件，可以显著提升沟通和协作效率；同样，熟练掌握数据分析工具和办公软件，则能大幅提高数据处理和文档管理的效率。

第三，增强学习能力。具备计算机基础知识的学生能够更好地利用网络资源进行学习，从而提升学习效率和效果。例如，通过在线学习平台，他们可以获取丰富的学习资源和课程，进行自主学习；利用搜索引擎和学术数据库，则可以迅速获取所需信息和资料，支持深度学习和研究。

第四，改善生活质量。计算机基础知识有助于个人更有效地利用各类数字化生活服务，从而提升生活质量。例如，熟练使用网上购物平台，可以便捷地购买所需商品；掌握在线银行和支付工具的使用，则能轻松处理各类金融交易；同时，熟悉社交媒体和网络娱乐平台的使用，也能丰富个人的休闲娱乐生活。

第二章　计算机基础知识体系

本章首先从计算机硬件基础出发，剖析其作为技术支撑的物理实体。继而转向计算机软件基础，探讨其作为指令与数据处理的逻辑层面。最后，聚焦于计算机网络基础，揭示计算机间信息交互与资源共享的机理。

第一节　计算机硬件基础

一、中央处理器

中央处理器（CPU）是指计算机内部对数据进行处理并对处理过程进行控制的部件，伴随着大规模集成电路技术的迅速发展，芯片集成密度越来越高，CPU 可以集成在一个半导体芯片上，这种具有中央处理器功能的大规模集成电路器件，被统称为"微处理器"。"在计算机工艺水平与制造技术的发展下，计算机 CPU 也开始朝着小型化、集成化以及高频化的趋势进行发展。"①

观察微型计算机主机的内部，通常可以很容易地辨认出微处理器，尽

---

① 曹巍耀. 计算机 CPU 散热技术研究［J］. 科技风，2016（22）：37.

管有时它藏在冷却风扇的下面，但是它是主板上最大的芯片。当今大多数微处理器都封装在具有针状网格阵列（PGA）引脚的塑料或陶瓷片中。

影响微处理器性能的因素有多种，如时钟频率、总线速度、字长、缓存容量、指令集和系统结构等。

（一）时钟频率

大多数计算机微处理器的性能评估常以 MHz 和 GHz 为单位的时钟频率为依据。时钟频率，即每秒内微处理器完成的时钟周期数量，是衡量微处理器运行速度的基本指标之一。然而，需要注意的是，时钟频率并不直接决定处理器在单位时间内执行指令的数量。这是因为不同类型的指令可能需要不同数量的时钟周期来完成，有些简单的指令甚至可以在单个时钟周期内执行完毕，而其他复杂的指令则可能需要多个时钟周期才能完成。例如，一个时钟频率为 3.2 GHz 的处理器，意味着它每秒钟可以进行 32 亿个时钟周期。在其他条件相同的情况下，使用 3.2 GHz 处理器的计算机通常会比使用 1.5 GHz 或 933 MHz 处理器的计算机运行得更快。然而，要全面评估计算机的整体性能，还需考虑多个其他因素，如前端总线的带宽、内存的时钟频率、CPU 通用寄存器的数据宽度以及处理器的缓存结构等。

对于不同计算机或不同处理器家族之间的比较，单纯依赖时钟频率是不充分的。因为即使时钟频率相同，不同处理器架构在一个时钟周期内能够完成的工作量也可能存在显著差异。因此，为了进行更准确的比较，应当依据软件基准测试的结果来评估性能。只有这样，才能避免由于仅考虑时钟频率而导致的对处理器性能的误解。

（二）前端总线

前端总线是连接微处理器与北桥芯片进行数据交换的重要电路。其主要功能在于管理数据的传输，确保微处理器能够有效地与其他系统组件通信。前端总线的速度直接影响到系统的整体响应速度和处理性能。较高的前端总线速率能够促进数据快速传输，从而使得处理器能够充分发挥其计算能力。

（三）字长

字长是指微处理器一次能够处理的数据位数。这一特性直接由处理器内部算术逻辑单元（ALU）中的寄存器位数以及运算器的位数决定。举例来说，一个 32 位处理器可以同时处理 32 位的数据，而 64 位处理器则能同时处理 64 位的数据。因此，拥有更长字长的处理器能够在每个处理器周期内处理更多的数据，这直接提升了计算机的整体运算效率和性能。

（四）指令集

计算机指令系统的发展历程中，复杂指令系统计算机（CISC）和精简指令系统计算机（RISC）代表了两种主要的优化方向。CISC 的设计理念主要在于通过增加指令的复杂度，将常见的复杂功能集成到硬件层面，以减少软件实现的负担并提高执行速度。这种方法通过将多步骤的操作合并为一个指令来优化性能，例如在单个指令中完成内存访问、算术运算和数据移动等复杂任务。CISC 因其能够通过硬件层面实现较多的功能而在早期的计算机系统中占据主导地位。

相对而言，精简指令集计算机（RISC）的设计思想更加注重简化指令集，并专注于提高每个指令的执行效率。RISC 系统剔除了那些复杂且执行速度不一致的指令，转而专注于一组简单且通常能在一个时钟周期内完成的基本指令。通过这种方式，RISC 能够显著提高指令的执行速度和处理器的工作频率，从而优化整体计算机性能。此外，RISC 还广泛采用了多个通用寄存器来优化子程序的执行速度，这进一步增强了其在特定应用场景下的性能表现。

随着技术的进步，现代计算机体系结构不再是简单的 CISC 或 RISC，而是综合利用了两种设计思路的优点。例如，在微处理器中集成专门的图形

13

和多媒体指令集，可以显著提升处理这些特定任务时的效率。这些指令集的加强虽然有助于提高特定应用（如游戏和视频编辑软件）的运行速度，但其优化效果主要局限于使用这些特定指令的软件领域。

总体来看，CISC 和 RISC 代表了在计算机指令系统优化中的两种核心策略。CISC 通过增加指令的复杂度来优化硬件实现的功能，而 RISC 则通过简化指令集来优化执行效率和处理器的工作频率。每种方法在不同的应用场景和技术需求中具有独特的优势，为计算机体系结构的发展提供了多样化的选择和适应性。

（五）高速缓存

高速缓存在计算机体系结构中扮演着至关重要的角色。它是一种比主存储器（RAM）更快的存储器，通常采用静态随机存取存储器（SRAM）技术，而相比之下，主存储器则使用的是速度较慢的动态随机存取存储器（DRAM）技术。在处理数据时，高速缓存充当了一个临时存储器，能够快速响应中央处理器的读取请求。由于 CPU 的运行速度远远快于主存储器的读取速度，访问主存储器往往需要多个时钟周期的等待时间，这会导致性能的浪费。

微处理器访问高速缓存的速度远远快于访问主存储器，这一特性显著提升了计算机的整体性能。现代微处理器通常集成了多级缓存，包括一级缓存（L1）、二级缓存（L2）和三级缓存（L3）。这些缓存位于处理器内部，旨在提供更快速的数据访问。其中，一级缓存（L1）通常分为数据缓存和指令缓存两部分，这样的设计使得处理器能够更有效地管理和优化数据的读取和处理过程。

计算机的规格说明通常会详细列出缓存的类型和容量。缓存的容量通常以千字节（kB）或兆字节（MB）为单位进行度量。通过优化和增加缓存的容量，可以有效地减少因数据读取延迟而引起的处理器空闲等待时间，从而提高整体计算机的运行效率和响应速度。

（六）串行与并行

早期的微处理器主要采用串行执行指令的方式，即按照顺序依次处理每条指令。在串行处理模式下，微处理器必须等待当前指令的所有步骤完全完成后，才能开始执行下一条指令，这严重限制了处理速度的提升。为了提高效率，计算机体系结构引入了流水线技术。这项技术允许微处理器在完成前一条指令的某个阶段时，就已经开始执行下一条指令的前一阶段。这种并行处理方式有效地减少了指令执行之间的等待时间，显著提升了微处理器的整体效率。

随着技术的不断发展，多指令流的并行处理技术进一步提升了微处理器的性能。超级流水线技术是一种高级技术，它允许微处理器同时处理多条指令流。每条指令流都通过独立的执行单元进行并行处理，从而进一步加快了指令的执行速度，并增强了系统的响应能力。这种技术的应用使得现代微处理器能够更高效地处理复杂的计算任务和多线程应用程序。

（七）多核处理器

多核处理器是在单个处理器芯片上集成两个或多个独立的中央处理单元（核心）。多核处理器的每个核心可以独立地执行程序指令，各核心之间可以并行地处理不同的任务或同一任务的不同部分，从而有效地利用并行计算的优势提升系统的整体性能。在个人计算机领域，双核和四核处理器已经普及，并且随着需求的增长，三核、六核、八核、十核处理器等多核设计也逐渐成为市场上的常见选择。

（八）超线程

超线程技术（HT）作为一种电路设计，能够将单处理器模拟成双处理器，主要应用于提升处理器在多任务处理和并行计算中的效率。例如，Intel的部分酷睿i3和i5系列处理器采用了双核四线程技术，这种设计可以在一定程度上提升多线程应用程序的运行速度，尽管其性能优势不及采用物理四核技术的 i7 系列处理器。

在选择计算机处理器时，通常需要根据工作类型和预算来进行权衡。市场上现有的微处理器已经能够基本满足商业、教育和娱乐等日常应用的需求。然而，对于需要处理大数据量的任务，如三维动画游戏开发、桌面出版、音乐录制和视频编辑等，通常需要考虑选择市场上性能最高的处理器，以提高生产效率和产品服务的竞争力。

当计算机性能不能满足需求时，一种解决方法是通过升级微处理器、内存或其他关键部件来提升系统性能。然而，微处理器的升级受到几个重要因素的限制。首先，微处理器设计和生产属于少数几家大型公司的核心技术，这导致用户在升级时常常受到特定产品特性的限制。例如，主板芯片组的类型可能限制了可选的微处理器或内存升级范围。其次，尽管理论上可以替换微处理器以提升性能，但实际上很少有人这样做。这是因为新型号微处理器的价格通常远高于购买全新计算机系统所需花费的一部分，从经济投资的角度来看，这并不划算。此外，技术因素也是微处理器升级的考量因素之一。只有当计算机的各个组件能够以高速协同工作时，微处理器才能充分发挥其性能优势。因此，综合考虑经济成本、技术限制和整体系统性能，对于是否进行微处理器升级需要进行谨慎的权衡和评估，以确保能够达到预期的性能提升和系统稳定性。

二、主板

主板，又称为主机板、系统板、逻辑板、母板、底板等，是构成复杂电子系统（例如电子计算机）的中心和主电路板。

主板上最重要的构成组件是芯片组。芯片组通常由北桥和南桥组成，也有些采用单片机设计以增强其性能。这些芯片组为主板提供一个通用平台，供不同设备连接，并控制这些设备之间的通信。它还包含对不同扩充插槽的支持，例如用于连接处理器、PCI、ISA、AGP 和 PCI Express 等设备的插槽。此外，芯片组也为主板提供额外功能，例如集成显卡、集成声卡、集成网卡等。一些主板还集成了红外通信技术、蓝牙和 Wi-Fi 等功能。

（一）芯片类型

一般主板上芯片包括以下两种：

1. BIOS 芯片

BIOS 芯片，这是一块方形的只读存储器，存储着与主板相匹配的 BIOS 程序。BIOS 芯片的主要功能是识别和初始化各种硬件设备，并设置系统引导设备以及调整 CPU 外频等。尽管是只读存储器，BIOS 芯片依然具备写入能力，用户可以更新 BIOS 版本，以提升系统性能和支持新硬件。这种灵活性使得 BIOS 芯片成为主板中不可或缺的一部分。

2. 南北桥芯片

传统上，主板的命名习惯往往与北桥芯片紧密相连。北桥芯片作为系统数据传输的核心枢纽，承担着处理 CPU、内存、显卡和 PCI 总线之间数据交换的重要职责。而南桥芯片则主要负责硬盘、USB 接口、串并行接口以及 PCI 总线之间的数据交换，其在管理输入输出设备的连接和数据传输方面发挥着关键作用。南北桥芯片组共同构成了主板的功能与性能基础，对计算机系统的整体表现产生深远影响。

随着技术的不断进步，最新的主板芯片组设计呈现出向单芯片整合的趋势，原本由北桥芯片承担的功能被集成到 CPU 内部。这种设计变革使得剩余的芯片组主要负责管理 PCI-E 总线和 I/O 设备等工作，不仅显著提升了数据传输的效率，还有效简化了主板的设计结构，使得主板在功能上更加趋于集成化与高效化。此外，值得注意的是，不同的微处理器需要与之相匹配的主板芯片组来提供支持，而同一款微处理器也可以由多种不同档次的芯片组来适配。这些不同档次的芯片组在功能和性能上展现出明显的差异性，为用户根据自身需求选择合适的芯片组以实现最佳性能表现提供了可能。

（二）扩展总线

台式机主板通常采用开放式结构，这种设计旨在为用户提供高度的灵活性和扩展性。主板上通常配备有 6～8 个扩展插槽，这些插槽用于插接 PC 外围设备的控制卡（即适配器）。这种设计使得用户能够通过更换和升级这些插卡，对微机的相应子系统进行局部优化和升级，从而在配置机型方面享有更大的灵活性。这种灵活性不仅为厂商提供了更大的生产和设计自由度，也为用户带来了更多的个性化配置选择。一般主板上常见的扩展总线如下：

第一，内存插槽，如 DDRSDRAM 插槽的线数为 184 线。

第二，AGP 插槽，加速图形接口，主要应用在三维电脑图形的加速上。AGP 是从 PCI 标准上创建起来，是一种显卡专用接口。推出原因是为了消除 PCI 在处理 3D 图形时的瓶颈。现在 AGP 已基本被 PCI Express 所取代。

第三，PCIExpress 插槽，主板上主流的设备接口插槽，多用于连接图形显示卡，将逐渐替代 PCI。

第四，PCI 插槽，是主板的必备插槽，需要扩展系统功能时可以插入网卡、声卡、调制解调器（调制解调器）、电视卡和硬盘控制器等设备。

当集成在主板上的功能芯片出现故障或需要扩展时，可以考虑使用相同功能的扩展卡来替代或扩展。

三、显卡

随着集成度的提高，原先独立存在的外部设备接口，也就是主板上的扩展卡（包括声卡、网卡等）大部分被集成到主板上。唯有显卡由于图形界面应用（包括游戏、工业设计）的不断发展，在桌面环境中成为划分计算机档次的一个重要特征。

显卡是个人计算机最基本组成部分之一，用途是将计算机系统所需要的显示信息进行转换驱动显示器，并向显示器提供逐行或隔行扫描信号，控制显示器的正确显示，是连接显示器和个人计算机主板的重要组件，是"人机对话"的重要设备之一。

集成显卡是将显示芯片、显存及其相关电路都做在主板上，与主板融为一体。集成显卡的图形处理单元（GPU）可以独立芯片的形式做在主板上，但目前更普遍的设计是将 GPU 集成在主板上的芯片组中。集成显卡的优点是功耗低、发热量小。随着技术和生产工艺的进步，目前集成显卡的性能已经与入门级的独立显卡不相上下。

独立显卡（简称独显）将 GPU、显存及其相关电路做在一块独立的电路板上，插入主板的总线扩展插槽。独立显卡的 GPU 性能通常要比集成卡的 GPU 性能好得多，在三维游戏和视频处理应用中起到了关键的作用。特别是在三维游戏中，升级显卡往往要比升级 CPU 能带来更加理想的性能提升，升级成本甚至更低。对比独立显卡的优缺点，具体如下：

优点：① 相对当前主流的集成显卡，独立显卡一般拥有更强劲的性能；② 消耗的系统资源更少（因为当前的主流独立显卡都拥有独立的内存）；③ 主流的独立显卡可以使用多个图形处理器进行共同的处理任务，令处理性能增强；④ 更方便升级。

缺点：① 使计算机的整体价格变高；② 消耗的功率更大，使得用户的计算机功率增加；③ 体积更大，这使得一些主流的笔记本电脑与一体机没有空间安装；④ 兼容性更低，与主板接口、操作系统、处理器等硬件有较高要求。

显卡的性能除与 GPU 有关外，还与显存有很大的关系。显存可以存储正在处理而未被显示的屏幕图像。配置大容量的高速显存是进行快速的动作游戏、三维建模和图形处理时屏幕显示效果的关键。为了同时保持集成和独立显卡的优点，避免各自的缺点，现在很多 PC 和笔记本会同时配置两种显卡，并根据需要，使用硬件或软件进行不同显卡的切换，来满足功能和节能在不同时刻的需求。

四、内部存储器

计算机内部的存储系统分了许多层次，但对系统运行效率影响最大的是随机访问存储器（RAM），而除了 RAM，还有两种内部存储器也扮演了重要角色，分别是只读存储器（ROM）和带电可擦可编程只读存储器（EEPROM）。

（一）RAM

内存（RAM）作为计算机系统中的核心组件，承担着临时存储数据、应用程序指令及操作系统所需指令的重任，其容量大小直接关乎计算机的整体性能及应用程序的运行效率。一般而言，内存以 MB 或 GB 为单位进行规格界定，并借助安装在主板上的内存条，通过集成电路技术实现数据的快速存取。内存的主要功能在于构建一个高速的数据交换平台，确保处理器能够即时访问并处理运行中的数据与指令。

在日常应用场景中，如字处理软件的文字输入与编辑，相关数据会首先被存储于内存中。字处理软件向内存发送处理指令，使得处理器能够即时对文档进行排版与显示。而在计算机启动阶段，操作系统的基本指令同样会被加载至内存中，并在计算机关闭时予以清空，以保障系统的正常运行与维护。

内存与硬盘的主要区别在于其存储方式及性质。内存采用集成电路存储，以电子形式保存数据，具有访问速度快但数据易失的特点；而硬盘则通过磁介质存储数据，能够实现长期保存，但访问速度相对较慢。因此，内存容量相对较小，主要用于处理临时数据及程序执行过程中的数据交换，而硬盘则更侧重于长期存储与数据备份。

在计算机性能优化的层面，内存的访问速率是一个至关重要的指标。

访问速率通常以纳秒（ns）或 MHz 来衡量，纳秒数越小意味着内存响应速度越快，而 MHz 数值越高则表明内存工作频率越快。例如，相较于 800 MHz 的内存，1 600 MHz 的内存拥有更快的数据访问速度，这在处理大规模数据或运行复杂程序时显得尤为关键。此外，当物理内存无法满足运行需求时，操作系统会将部分硬盘空间模拟为虚拟内存以应对内存不足的问题。尽管虚拟内存的使用能在一定程度上增强系统的稳定性，但过度依赖虚拟内存会大幅度降低计算机的整体性能，因为硬盘的访问速度远低于内存。因此，为了提升计算机的性能，建议用户根据实际需求配置充足的物理内存，以降低对虚拟内存的依赖，从而提升系统的响应速度与稳定性。

（二）ROM

只读存储器（ROM）是一种特殊类型的存储器，其内容在任何情况下都不会发生改变。计算机与用户只能读取存储在这里的指令和数据，而无法对其进行修改或存入新的数据。ROM 被存储在一个非易失性芯片上，这意味着即使计算机关机，存储在 ROM 中的内容仍然可以保持不变。因此，ROM 常被用于存储具有特定功能的程序或系统程序。

与内存的暂时性、易失性特点不同，ROM 的存储具有半永久性和非易失性。程序和数据等信息被直接固化在 ROM 的电路中，成为电路的一部分，即使计算机掉电，这些信息也不会消失。要更改 ROM 中存储的信息，通常需要通过非在线的方式擦除其中的内容并重新写入。

在计算机启动时，微处理器开始供电并准备执行指令。然而，由于电源关闭时内存是空的，没有处理器可以执行的指令，此时 ROM 便发挥了关键作用。ROM 中存储了一组小型程序集，即 BIOS，这些程序指令能够对计算机硬件进行配置，引导计算机访问硬盘，搜索操作系统并将其加载到内存中。一旦操作系统被加载，计算机便能够理解来自外部的信息，显示输出，运行程序以及访问数据。

（三）CMOS

要想正常运行，计算机自身就必须保存计算机系统的配置信息，如 CPU 运行参数、硬件工作频率、日期和时间、开机密码、硬盘容量、内存容量、各种接口配置和电源选项等。由于关机时，内存中的信息会丢失，所以这些配置信息不可能存储在内存中。ROM 也不是存放配置信息的理想地方，因为它只能存放一次性写入的数据，而无法存放关机后还在变化的信息。最明显的例子就是系统日期，日期时间一直在变化，计算机即使断电，内部时钟也仍在运作，这种时间上的变化必须有地方保存。计算机需要一种持久性介于 RAM 和 ROM 之间的存储器来存储这些可变的基本系统信息。

微型计算机中采用互补金属氧化物半导体（CMOS）技术的 RAM 来存储系统配置信息，所以需要在主板上安装一个电池来为其供电。

在以上几种存储器中，虽然 ROM、EEPROM 和 CMOS 在计算机运行中扮演了重要的角色，但是用户更感兴趣的显然是内存。内存能存放的数据和程序越多，计算机从虚拟内存中来回运送数据的时间花费就越少。拥有大容量的内存，用户会发现文档滚动、游戏反应的速率都变快了，许多图形处理的时间也更少了。

（四）EEPROM

早期的计算机主板在更新 BIOS 时存在诸多不便，通常需要将 ROM 芯片从主板上拔下，有时甚至需要使用电烙铁。更新过程包括将 ROM 放入擦除器擦除，并使用专用写入器将新的 BIOS 程序写入 ROM 中。这种操作不仅烦琐，还存在操作风险，如误操作可能导致主板损坏或系统无法启动。

为了提升用户体验和操作便利性，现代主板普遍采用电可擦可编程只读存储器（EEPROM）来存储 BIOS 程序。EEPROM 与传统的 ROM 相比，具备在线擦除和重写的能力，使得 BIOS 更新过程变得简单和安全。特别是闪存，作为 EEPROM 的一种形式，更是支持快速擦除和重新编程，使得用户可以轻松通过操作系统或者 BIOS 界面完成更新，而无需物理操作 ROM 芯片。

DIY 用户经常需要通过 BIOS 中的硬件设置程序来调整计算机的硬件参数，例如 CPU 运行频率、设备状态、引导设备选择等。这些设置直接影响到计算机的性能和功能表现。然而，若设置不当或调整错误可能导致系统启动失败或性能下降。

针对这种情况，BIOS 提供了一个解决方案：用户可以在计算机引导时按下预设的 BIOS 设置键，如 F1、F2、Del 等，进入 BIOS 设置界面。在这里，用户可以查看和调整各项硬件设置，并且可以通过重置选项将设置恢复到默认出厂状态，以解决由于误操作导致的问题。

五、外部存储设备

在现代计算机系统中，为了满足不同用户的需求，通常会配置各种外部存储设备，如硬盘驱动器（尽管通常安装在主机箱内部）、光盘驱动器、U 盘等。这些设备通过提供不同的存储解决方案来支持用户的数据存储需求。然而，当前的存储技术各有其局限性和优缺点，没有一种技术能够完全满足所有需求。有些技术可以实现快速的数据存取，但也伴随着数据丢失的风险；而另一些技术虽然可靠性较高，却在数据存取速度上有所欠缺。了解每种存储技术的优缺点是最大限度发挥这些设备作用的关键。

在数据处理过程中，存储数据的操作通常称为输入数据或保存文件，因为存储设备能够将数据写入存储介质以供以后使用。检索数据的操作则通常称为读取数据、载入数据或打开文件。数据存储系统主要包括存储介质和存储设备两部分。存储介质可以是磁盘、磁带、CD、DVD、U 盘等各种承载数据的物质，而存储设备则是指在存储介质上进行数据记录和读取的机械装置，如磁盘驱动器、光盘驱动器和闪存设备等。通常，存储技术是指存储设备及其所用介质的综合体。

计算机存储设备与内存之间通过系统总线这一高速通道进行数据传输。数据从存储设备通过总线复制到内存，随后在内存中等待处理。当数据处理完成后，临时存放在内存中的数据最终会被复制回存储介质以便长久保存。内存与存储设备之间的这种数据传输机制确保了数据处理的效率和完整性。

在计算机系统中，常见的存储技术主要包括三类：磁存储、光存储和固态存储。磁存储主要指硬盘等设备，这类设备通过磁性材料记录和读取数据，具有较高的存储容量和较快的存取速度。光存储以 DVD 等光盘介质为代表，利用光学技术进行数据记录和读取，通常用于数据备份和分发。固态存储则包括 U 盘、CF 卡、SD 卡等设备，通过半导体存储芯片进行数据的存储和读取，具有较高的读写速度和抗震性，是便携存储的主要选择。这三种存储技术各具特色，分别在不同应用场景中发挥重要作用。

（一）磁盘技术

磁盘作为一种存储介质，在其平整的磁性表面上实现了数字数据的存储与检索功能。数据的写入过程依赖于紧邻磁性表面的磁头，通过电磁流的作用改变局部区域的磁极性来实现。相应地，数据的读取则是利用磁头经过记录数据区域时，磁场变化引发读头线圈中电气信号的改变来完成。硬盘的读写机制支持随机存取，意味着数据可以以任意顺序进行访问。硬盘的构造包括了一片或多片高速旋转的磁盘，以及挂载在执行器悬臂上的磁头组件。

磁存储技术的一个显著特点是，通过调整磁盘表面微粒的磁化方向，可以轻松修改或擦除已存储的数据，这一特性赋予了数据编辑及存储介质空间再利用的高度灵活性。

硬盘驱动器的构成通常包含一个或多个盘片及其配套的读写头，它在多数计算机系统中作为主要的存储设备。盘片由铝或玻璃基材制成，表面覆盖有磁性铁氧化物微粒。盘片的数量直接影响数据存储容量，盘片转速则可达数千至上万转每分钟。每个盘面均对应一个读写头，读写头在盘片表面的微小间距内移动，执行数据的读写操作，其间距仅为几微英寸。

计算机硬盘盘片的直径标准主要有 3.5 英寸和 2.5 英寸两种规格，分别适用于台式机与便携式计算机，其中 3.5 英寸硬盘的最大存储容量可达 12 TB。硬盘的访问时间普遍在 5～10 毫秒之间，其性能还通过每分钟转速来衡量。转速的提升有助于减少读写头定位时间，增加单位时间内的数据传输量，但同时也带来了更高的噪声、能耗与发热量。

技术规格方面，硬盘驱动器通常详细列明其接口类型、存储容量、访问时间及转速等参数。面对存储容量需求增长，可通过增设硬盘驱动器来扩展，新增驱动器亦可用于主驱动器的数据备份。硬盘驱动器既可安装于计算机机箱内，亦可作为外部设备连接于系统，其中内置驱动器成本较低且便于台式机集成，而外置驱动器虽价格稍高（因需额外接口与电源支持），但便于携带，并可通过线缆灵活连接于各类计算机设备。

（二）光驱技术

现在，大多数计算机都配备某一类型的光驱，用来读取或刻录各种各样的 CD 和 DVD。CD 和 DVD 的基本技术是相似的，但存储容量不同。

光盘（CD）技术起初是为存放 74 分钟的唱片音乐而设计的。这样的容量能为计算机数据提供 650 MB 的存储空间。改进后的 CD 标准将容量增加到 80 分钟的音乐或 700 MB 的数据。

数字通用光盘（DVD）是 CD 技术的变体。起初 DVD 是作为视频数据载体，但很快被用来存储计算机数据。DVD 的容量约为 4.7 GB、8.5 GB、9.5 GB 至 17 GB。此外，DVD 驱动器具有向后兼容性：用户可在 DVD 驱动器中使用 CD、VCD 等。

蓝光 DVD 是 DVD 之后的下一代光盘格式之一，用以存储高质量的影音以及高容量的数据。蓝光光盘命名是由于其采用波长 405 nm 的蓝色激光光束来进行读写操作（DVD 采用 650 纳米波长的红光读写器，CD 则是采用 780 nm 波长的红外线）。蓝光 DVD 的光盘容量为 25 GB 的单层光盘，50 GB 的双层光盘，100 GB 的三层和 128 GB 为四层。

光存储技术通过光盘表面的微光点和暗点来存储数据。暗点称为凹坑。盘片上没有凹坑的区域称为平面。光盘驱动器有一个使光盘绕着激光透镜旋转的轴。激光器将激光束投射到光盘的下面。由于光盘表面上的凹坑和平面反射的光不同，随着透镜读取光盘，这些不同的反射光便转换为表示数据的 0 和 1 序列。

光盘的表面涂有一层透明的塑料，使得光盘持久耐用且存储在光盘上的数据比存储在磁介质上的数据更不易受外界环境灾害的影响。光盘不会受到潮湿、指纹、灰尘、磁铁、饮料滴溅的影响。光盘表面的划痕可能会影响数据传输，但可以使用研磨剂对光盘表面进行抛光，这可以在不损坏光盘数据的前提下去除划痕。

光存储技术分为三类：只读、可记录和可擦写。

第一，只读存储器（ROM）实现了数据在光盘上的永久性存储，这类光盘在数据写入后便无法进行增添或修改。常见的只读光盘，诸如 CD-ROM、音频 CD、视频 DVD 以及 DVD-ROM，往往是通过大规模生产流程进行压制的，它们广泛应用于软件、音乐和电影的存储与分发之中。

第二，可记录技术（R）则利用激光作用于透明塑料盘面下的染色层，通过改变染色层的颜色来记录数据。激光在染色层上形成的暗点，在数据读取时即表现为凹点。值得注意的是，染色层中的这种变化是不可逆的，因此数据一旦被记录便无法更改。

第三，可擦写技术（RW）采用了"相变"技术，通过改变光盘表面的晶状体结构来记录数据。这种技术通过创建亮点和暗点的模式来记录信息，其原理与 CD 上的凹点和平面相似。特别的是，晶状体的结构可以在亮暗之间多次转换，这一特性使得可擦写光盘能够像硬盘一样，实现数据的多次记录与修改。

尽管 CD-ROM 和 ROM-BIOS 都含有"ROM"（只读存储）字样，但它们是两种截然不同的技术。ROM-BIOS 是指包含计算机启动程序的系统主板芯片，而 CD-ROM 通常是指一种只读光盘格式。

（三）闪存

闪存作为一种能够将数据记录于可擦除与可重写电路之上的存储方案，其在消费级便携式设备领域的应用极为广泛，涵盖了数码相机、音乐播放器、笔记本电脑、平板电脑以及移动电话等多种设备。此技术之所以成为移动设备数据存储及数据交换的理想选择，主要归功于其轻便的物理形态与快速的数据访问速度。

从构造层面分析，闪存包含栅格结构或电子电路布局，其中每个栅格单元均内置了两个门电路晶体管。这些晶体管通过开关状态来表示数据：当门电路开启，允许电流流通时，单元状态被设定为"1"位；反之，利用金属半导体异质结与重掺杂半导体中的场发射特性关闭门电路，单元状态则转变为"0"位。

闪存的一大优势在于其低功耗特性，这使得它非常适合用作如数码相机、手机及摄像机等依赖电池供电的设备中的存储介质。此外，闪存数据的非易失性意味着即使在没有外部电源供应的情况下，数据也能得以保留。加之闪存没有机械部件，因此能够免受震动、磁场干扰及极端温度变化的影响，从而实现了数据快速且稳定存取。

U 盘作为便携式闪存的一种，设计用于直接接入计算机的 USB 端口。它允许用户如同操作存储在磁性或光学介质上的文件一般，对 U 盘内的文件进行打开、编辑、删除及执行等操作。当前市场上，U 盘的容量普遍介于 4 GB 至 64 GB 之间，而其最大数据传输速率可达到写入时 180 Mbps、读取时 230 Mbps 的水平，尽管实际传输速率会根据具体应用场景而有所变化。

（四）固态硬盘

固态硬盘（SSD）是一种主要以闪存作为永久性存储器的计算机存储设备，采用 SATA3、PCIe 或者 mSATA、M.2、ZIF、IDE、U.2、CF、CFast 等接口。固态硬盘由控制单元和存储单元（FLASH 芯片、DRAM 芯片）组成。固态硬盘在接口的规范和定义、功能及使用方法上与普通硬盘的完全相同，大部分固态硬盘在产品外形和尺寸上也完全与普通硬盘一致。

和传统硬盘相比，固态硬盘具有低功耗、无噪声、抗震动、低热量的特点，读写速度也远高于传统硬盘。这些特点不仅使得数据能更加安全地得到保存，而且也延长靠电池供电的设备的连续运转时间。随着价格的逐渐降低，固态硬盘已经广泛使用在一般的笔记本电脑上。

就计算机的速度来说，CPU 缓存、显卡缓存，甚至是内存都是以至少十倍甚至百倍的速度差距远远地超过了普通硬盘，这就一定会给计算机的性能带来一些瓶颈。而固态硬盘的存储速度是普通硬盘的 5～10 倍，能在很大程度上弥补一些硬盘在速度上的短板，所以如果感觉计算机的速度有些慢、反应迟钝，可以认真考虑增加一块固态硬盘，并将操作系统和常用程序安装在固态硬盘的分区中，这将为计算机带来新的生命。

六、输入和输出设备

人机交互装置与工具构成了用户界面的核心组成部分，其在提升人机通信效率方面扮演着至关重要的角色。随着计算机技术在各个层面的日益成熟，市场竞争态势愈发激烈，交互工具的人机工程设计已成为生产厂商关注的焦点，并被视为吸引用户、争夺市场份额的关键因素。这一转变的原因在于，对于广大用户群体而言，用户界面的友好程度往往比单纯的技术性能和价格因素更具吸引力。因此，符合人机工程设计原则已成为用户在选择计算机设备时的重要考量标准。同时，用户的实际需求、使用习惯、个人偏好等"人的因素"也日益受到系统设计者的重视，并逐渐成为人机交互工具设计的核心出发点。

（一）键盘

键盘布局是影响其输入效率的重要因素之一。值得注意的是，打字机的键盘布局在计算机诞生之前就已实现了标准化，即 20 世纪广泛采用的机械打字机键盘布局（QWERTY 键盘）。除了基本的字母数字键区外，现代台式机和笔记本计算机的键盘还增设了功能键区，用于执行特定的计算机任务。此外，多数台式机键盘还配备了计算器风格的数字键区以及一系列编辑键（例如"End""Home"和"PageUp"等），以便用户能够快速移动屏幕上工作区内光标的插入点，从而提高工作效率。

（二）定位装置

定位装置允许用户操作屏幕上的指针以及其他基于屏幕的图像控件。

1. 鼠标

鼠标作为最常用的基本定位装置，通过机械或光电技术来精确跟踪光标的位置。当前，光电鼠标因其追踪精度高、耐用性强、维护成本低以及在不同台面上的灵活移动性而受到广泛欢迎。相比之下，机械鼠标则基于滚动在桌面鼠标垫上的球体移动来读取位置信息。光电鼠标则使用内置的感应芯片来追踪台板或其他物体表面反射的光束，从而实现更为精确和稳定的定位。

2. 非鼠标类

非鼠标类的定位装置大部分应用在笔记本电脑、手持设备、专用设备（如游戏机）等设备中，如指点杆、触摸板、操纵杆、轨迹球。

（1）指点杆。指点杆就是一种嵌入在笔记本计算机键盘中的节约空间的定位装置设计，用户可以通过推动指点杆来移动屏幕上的指针。

（2）触摸板。触摸板感应灵敏，用户可以用手指在上面滑动来移动屏幕上的指针。一般笔记本电脑都会带有指点杆或触摸板，这样用户就不用再额外携带鼠标了。

（3）操纵杆。操纵杆看起来像缩微版的汽车变速杆。移动该杆能给屏幕上的对象（如指针或计算机游戏中的一个角色）提供输入。

（4）轨迹球。轨迹球看起来像把机械式鼠标翻了过来。用户可以用指、掌滚动球来移动光标。控制轨迹球与控制鼠标所使用的是不同的肌肉群，所以一些计算机用户会定期地换用轨迹球以防止肌肉劳损。

（三）触摸屏

触摸屏作为一种先进的输入技术，已广泛应用于平板计算机、智能手机、ATM 机以及信息屏等设备。目前，触摸屏主要采用电容屏和电阻屏两种主流技术。电阻屏的设计特点在于其屏体部分由多层复合薄膜构成，通常包括玻璃或有机玻璃作为基层，表面涂有透明导电层（ITO），并覆盖有硬化处理的防刮塑料层。当用户的手指接触屏幕时，两层 ITO 发生接触，电阻发生变化，通过控制器检测到的电阻变化计算出接触点的坐标，从而实现相应的操作。这种技术需要用户对屏幕施加一定的力量才能有效触发。

（四）扫描仪

扫描仪作为一种重要的计算机输入设备，在图像处理和数字化方面发挥着关键作用。其主要功能是通过捕获图像并将其转换为计算机可以处理的数字化信息。扫描仪广泛应用于照片、文本页面、图纸、美术作品、底片以及各种平面材料的数字化处理。通过扫描，原始线条、图形、文字和图像资料可以被转化为数字形式，便于后续的显示、编辑、存储和输出。典型的扫描仪通常具备一个玻璃平台和底部的光源（如氙灯或冷光管），用于照亮扫描材料。此外，扫描仪还配备有一个单方向移动的 CCD 感光单元。其工作原理是先将光线照射到被扫描的材料上，然后由 CCD 感光元件接收并将光信号转换为电信号，最终实现光电转换，生成数字化的图像数据。这一系列复杂而精密的过程使得扫描仪成为现代计算机系统中不可或缺的输入设备之一。

（五）显示器

计算机显示器，作为人机交互界面的重要组成部分，主要扮演着输出设备的角色，负责展示处理任务的结果。然而，值得注意的是，随着技术的发展，部分屏幕已融合了输入与输出的功能，这主要得益于触摸屏技术的广泛应用。

1. 技术类型

显示器技术历经演变，当前主流的三种技术为：CRT（阴极射线管）、LCD（液晶显示器）以及等离子显示技术。

（1）CRT 显示设备，通过电子管内的枪状机械装置发射扫描电子束至屏幕，激活单个像素点以形成图像。然而，由于其体积庞大且能耗较高，CRT 技术在普通计算机领域的应用已逐渐被淘汰。

（2）LCD 技术，通过电流改变液晶面板上薄膜型晶体管内的晶体结构，从而实现图像的显示。LCD 已成为笔记本计算机的标准配置，同时，独立的 LCD 显示器或平板显示器也广泛应用于台式机。其优点在于显示清晰、低辐射、轻便且结构紧凑，现已成为普通计算机的标准配置。

（3）等离子显示技术，是利用高电压激活显像单元中的特殊气体，进而产生紫外线激发磷光物质发光。这一技术目前主要应用于电视领域。

2. 图像质量

显示设备的图像质量，受屏幕尺寸、点距、视角宽度、刷新率和分辨率等多重因素影响。

（1）屏幕尺寸，是指屏幕对角线的长度，通常以英寸为单位进行度量。目前市场上主流的尺寸包括 17、19、21、22、24、27、32 英寸等。显示器又可分为标准屏与宽屏,标准屏的长宽比为 4:3,而宽屏的长宽比则为 16:10 或 16:9。在对角线长度相同的情况下,宽高比值越接近 1,显示器的实际显示面积则越大。宽屏设计更符合人眼的视野区域形状,因此在实际应用中更为广泛。

(2)点距,是衡量图像清晰度的重要指标。点距越小,意味着图像越为清晰。从技术层面来看,点距是指像素点之间的距离,通常以毫米为单位进行度量。像素是构成图像的基本单元,其数量和排列方式直接影响图像的清晰度。

(3)视角宽度,是指观察者在显示器的斜侧面仍能清晰看到屏幕图像的最大角度。在相同尺寸条件下,更宽的视角意味着可观看范围更大。相较于 LCD 显示器,CRT 和等离子显示器具有更宽的视角。这一特性使得设计人员更倾向于选择 CRT 显示器,因为它能从任何角度显示一致的色彩,为设计工作带来更大的便利。

(4)刷新率,是指屏幕更新的速率,通常以每秒周期数或赫兹(Hz)进行度量。刷新率的高低直接影响屏幕的闪烁程度和图像的稳定性。用户可以通过 Windows 操作系统的控制面板对刷新率进行设置,以获得更佳的视觉体验。

(5)分辨率,是显示设备屏幕上水平像素和垂直像素的乘积。它决定了屏幕上能够显示的像素数量和尺寸。当屏幕分辨率较低时(如 640×480),屏幕上显示的像素数量较少,但每个像素的尺寸较大;而当屏幕分辨率较高时(如 1 600×1 200),屏幕上显示的像素数量增多,但每个像素的尺寸则相应减小。分辨率的高低直接影响文本的清晰度和计算机工作区域的显示范围。高分辨率下,文本和其他对象会显得更小,但计算机能够显示更大的工作区域,如整页的文档等。这为用户提供了更为丰富和灵活的工作空间。

(六)打印机

打印机作为计算机输出设备的重要组成部分,其在现代信息处理与传递中扮演着至关重要的角色。目前市场上最为畅销的打印机主要基于喷墨或激光技术，而传统的点阵打印机在特定场合，如发票打印中，仍保持着一定的应用。

1. 类型划分

（1）喷墨打印机。喷墨打印机以其价格优势及彩色和黑白打印的灵活性，在市场上占据了主导地位。这类打印机特别适用于家庭和小型企业环境，其小巧轻便的设计也满足了移动计算用户的需求。喷墨技术还被广泛应用于照片打印机中，这类打印机针对由数码相机和扫描仪产生的高质量图像打印进行了优化。

喷墨打印机的工作原理是通过喷嘴将微小的墨滴喷射到纸张上，从而形成字符和图形。彩色喷墨打印机的打印头通常由一组墨盒的喷嘴构成，与显示器采用 RGB 色彩模式不同，大多数彩色打印机采用的是 CMYK 色彩模式，这是印刷工业的标准色彩模式。CMYK 色彩模式依赖于光线的反射，例如，在阅读报纸时，需要光源照射到报纸上并反射到我们的眼睛中才能看到内容。CMYK 模式的喷墨打印机使用靛青色（蓝）、洋红色（粉红）、黄色和黑色墨水来产生数千种颜色输出。为了进一步提高打印质量，一些打印机选择使用 6 色或 8 色的墨水系统，这样可以产生更加细腻的色彩过渡和更逼真的图像效果。

（2）激光打印机。激光打印机则通过接口电路接收二进制点阵信息，并将其调制到激光束上，然后扫描到感光体上。感光体与照相机构共同构成了电子照相转印系统，该系统将照射到感光鼓（通常称为硒鼓）上的图文映像转印到打印纸上，其工作原理与复印机相似。普通的激光打印机主要用于产生黑白打印输出，广泛应用于需要大量打印文字材料和黑白图像的企事业单位。而彩色激光打印机则采用与彩色喷墨打印机相同的印刷技术标准，需要四个感光鼓（彩色硒鼓）来实现彩色打印。

（3）点阵打印机。点阵打印机作为一种经典的技术，自 20 世纪 70 年代后期问世以来，至今仍在某些场合得到应用。点阵打印机使用排列成矩阵的金属撞针来产生字符和图形。当打印头上的金属撞针敲击色带时，就会在纸张上产生出计算机所要求的图案。点阵打印机的显著优点之一是能够一次打印若干份完全相同的文档（即复写打印），这在商业服务行业尤为有用。然而，与喷墨和激光打印机相比，点阵打印机通常缺乏打印质量控制功能，因此可能产生可视质量较差的打印结果。

2. 打印功能

不同类型的打印机在分辨率、打印速率、运行成本、双面功能和网络功能等方面存在差异，这些差异对日常工作效率和生产成本具有重要影响。

（1）分辨率。分辨率是衡量打印图像和文本质量或清晰度的关键指标，它表示产生图像的网格点的密度。打印机的分辨率通常用 dpi（每英寸点数）来度量。较高的分辨率意味着能够打印出更细腻、更清晰的图像和文本。

（2）打印速率。打印速率是衡量打印机工作效率的重要指标，它表示打印机每分钟能够打印的页数（ppm，用于页式打印机）或每秒能够打印的字符数（cps，多用于字符打印机）。彩色打印通常比黑白打印需要更长的时间，因为彩色打印需要处理更多的颜色信息。同时，打印文本页面通常比打印图形页面更快，因为文本页面包含的信息量相对较少。

（3）运行成本。打印机的耗材成本是运行成本的主要组成部分，包括喷墨打印机的墨盒更换或添墨、激光打印机的硒鼓填充或更换以及点阵打印机的色带更换等。此外，还需要考虑纸张成本和打印机的折旧费用。因此，在选择打印机时，需要综合考虑其购置成本和使用成本。

（4）双面打印。双面功能允许打印机在纸张的两面进行打印。选择具有双面功能的环保型打印机可以显著节约纸张使用量，但可能会延长打印过程的时间。

（5）网络功能。如果计算机系统没有连接到网络，可以将打印机直接连接到计算机上。然而，如果计算机已经连接到网络中，那么可以与其他网络用户共享打印机资源。此外，还可以购买具有网络接口的打印机，这样打印机就可以直接连接到网络中，方便所有网络用户使用。网络连接可以是有线的也可以是无线的，具有网络接口的打印机可以放置在一个公共场所，方便所有网络用户随时进行打印操作。

（七）安装外设

计算机系统的中心部件当然是主机，除此之外，离不开外部设备（简称"外设"）。外部设备是指为了增强计算机系统的性能，而在计算机系统上附加的输入、输出和存储设备。外部设备作为一个计算机术语，其历史可以追溯到早期计算机发展的年代，那时计算机的核心中央处理器，现在被称为微处理器，被安装在巨大的机箱中，并且所有的输入、输出设备和存储设备都是与 CPU 分开放置的，故将那些与 CPU 分开放置的设备称为外部设备。从技术角度严格地讲，凡是通过某种输入、输出接口与系统连接的设备（或者说，CPU 要通过输入/输出接口来访问的设备）都可以称为外部设备。例如，硬盘是外部设备（尽管它们被安装在主机内部），因为 CPU 要通过 PATA/SATA 接口来访问它；而内存不是外部设备，因为 CPU 可以直接对它进行访问，而不需要通过输入/输出接口。

在过去安装计算机外设需了解关于相关的接口标准（使用较多的有串行、并行接口）、主板扩展插槽和设备驱动程序的知识。今天，许多外部设备都能连接到 USB（通用串行总线）接口，并且 Windows 操作系统还能自动加载它们的设备驱动程序，使得大部分外设安装过程变得十分简单。现在计算机的 USB 接口都设置在主机前面板上或主机顶部以便于使用。很多外设（如鼠标、打印机、无线网卡和摄像头等）都能用 USB 连接，有些存储设备（如 U 盘、读卡器和移动硬盘）也可以用 USB 连接。但为计算机安装高端的显卡和声卡时一般仍需要打开机箱。

无论使用 USB 连接还是更复杂的设备，关于计算机数据总线的一些信息会帮助用户了解大部分外设的安装步骤。安装外设，实际上就是在外设与计算机之间建立数据传输连接。在计算机中，数据从一个部件传输到另一个部件所通过的线路称为数据总线。一部分数据总线在内存和微处理器之间进行传输。从内存延伸到外设的那部分数据总线叫作扩展总线（或 I/O 总线）。当数据沿着扩展总线传送时，它们便可以经过扩展槽、扩展卡、接口以及电缆传送到外部设备上。

扩展接口是能将数据传入传出计算机或外设的连接器。这与电源插座很相似，因为可以插入一些相应标准的接头以形成连接。扩展接口通常置于扩展卡上，这样就可以通过计算机主机后面的开口接入。接口也可以内置于台式机或笔记本计算机的主机内。计算机主板上内置的接口通常包括鼠标、键盘口、串口、USB 接口、音频接口和网络接口等。

有这么多种接口，用户便期望有各种相应的电缆。如果一个外设配备一种电缆，通常就可以根据电缆接口的形状判断应把它插入哪个接口。

第二节　计算机软件基础

"计算机主要包括了软件和硬件两大部分，通过软件和硬件可以保障计算机实现正常稳定的运作。"[①]使用算盘进行运算时，要按运算法则和计算步骤，利用珠算口诀来进行。如果只有算盘，没有运算法则和计算步骤，就不能用算盘来完成计算，电子计算机更是如此。硬件只是提供计算机工作的可能性，计算机要高速自动地完成各种运算需要计算程序，因为计算程序是无形的，所以被称为软件或软设备。比方说，用算盘进行运算，算盘本身就是硬件，而运算法则和解题步骤等就是软件。因此可以说硬件是计算机的"物质基础"，软件是计算机的"上层建筑"。

---

① 谢志坚. 计算机应用软件开发技术支撑思考［J］. 电子世界，2020（15）：53-54.

一、计算机软件概述

（一）计算机软件的定义

计算机软件，作为计算机系统中一个至关重要的组成部分，其内涵广泛，不仅包括了程序本身，还涵盖了与程序运行密切相关的文档以及数据，共同构成了完成特定计算任务的集成体。在冯·诺依曼体系结构的影响下，"存储程序控制"的理念奠定了现代计算机设计的基石，其中，程序作为软件的核心元素，承载着明确的任务描述，并通过计算机语言实现其功能。程序的设计目标并非局限于解决单一问题，而是旨在构建一种通用的解决方案，以适应和解决某一类问题。

在软件的构成框架中，程序扮演着处理计算任务的关键角色，它定义了处理对象与处理规则，并通过特定的编程语言实现这些规则。程序在计算机中的存储与执行是其发挥效能的前提，它负责处理输入数据并生成相应的输出数据。与此同时，与程序紧密相关的文档则扮演着解释程序功能与使用方法的角色，这包括设计报告、维护手册以及使用指南等，为用户和开发者提供了必要的说明与参考资料。

软件作为一种综合性的产品形态，不仅仅局限于程序的集合，它还包含了所有与程序相关的方法、规则，以及运行程序时所需的输入数据。软件的交付方式多样，可以是物理介质如光盘、磁盘，也可以是经过授权后从互联网上进行下载。软件产品的设计初衷是为用户提供一套全面的解决方案，以满足其特定的计算需求与任务要求。

（二）计算机软件的分类

计算机软件，作为现代计算机系统中不可或缺的一部分，依据其功能特性和权益处置方式的不同，可以划分为系统软件与应用软件两大类，每一类软件都在计算机系统中扮演着独特且重要的角色。

1. 系统软件

系统软件构成了支持计算机各种应用所需的基础平台与环境。其核心组成部分包括操作系统与支撑软件。操作系统作为系统软件的心脏，承担着管理和控制计算机硬件资源与软件资源的重任，为用户和应用程序提供了操作界面与资源管理功能。操作系统的发展与普及，极大地提升了计算机的运行效率与应对复杂任务的能力，其功能与性能直接影响着计算机系统的稳定性与用户体验。而支撑软件，作为操作系统与应用软件之间的桥梁，提供了开发、测试、运行等多方面的辅助功能，这包括编程语言、数据库管理系统、网络管理软件等，这些软件的存在显著促进了应用软件的开发效率与运行效能。

2. 应用软件

应用软件是根据具体用户需求与实际问题而专门开发的程序集合，其应用范围广泛，涵盖了科学计算、工程设计、数据处理、管理系统等多个领域。应用软件通常由计算机厂商提供的通用软件与专用软件组成，也包括了用户根据自身需求自行设计与开发的定制软件。这些软件根据功能与适用范围的不同，可以进一步细分为数据处理软件、文字处理软件、表格处理软件、网络通信软件等多个类别，每一类别都针对特定的应用场景与需求进行了优化与定制。

根据软件的权益处置方式来划分，软件又可以进一步区分为商品软件、共享软件与自由软件。商品软件以商业形式进行销售，用户需支付费用以获取使用许可；共享软件则允许用户在遵守作者规定的使用条件下免费使用，并享有分享给他人使用的权利；而自由软件则倡导用户自由获取、使用、复制、研究、修改与分发，其源代码通常是公开的，体现了自由的知识共享理念。

二、计算机支撑软件

计算机支撑软件，作为系统软件的关键构成部分，其核心功能聚焦于监视、配置以及支持计算机系统的运行与管理，与操作系统及应用软件紧密相连，但其功能定位更侧重于系统层面的支持与服务。支撑软件涵盖了诊断与维护工具、安装向导、通信程序以及安全防护软件等一系列组件。这些软件并非针对特定的应用场景或任务设计，而是旨在确保计算机系统的稳定性、安全性和高效性。例如，诊断与维护工具能够协助用户检测并解决系统中的问题，从而确保系统的正常运行；安装向导则简化了新软件或设备的安装流程，使用户能够轻松完成配置与设置；通信程序则提供了计算机与外部设备或网络之间的有效连接与数据交换功能。

（一）设备驱动程序

设备驱动程序是支撑软件中不可或缺的组成部分，它负责在计算机与外设之间建立通信通道。各种类型的外设，如打印机、显示器、声卡、网卡等，均需相应的设备驱动程序以确保与计算机系统的兼容性和稳定性。这些驱动程序通常在外设安装时一并安装，并在后台运行以处理数据传输和设备控制任务。用户可通过系统的"设备管理器"对这些驱动程序进行管理与更新。

随着计算机技术的持续发展，外设的种类和功能不断增多与更新，因此，了解和掌握最新的设备驱动程序版本对于维持计算机系统的正常运行具有至关重要的意义。更新设备驱动程序不仅能够改善外设的性能和功能，还能修复已知的问题和漏洞，进而提升整体的系统稳定性和用户体验。

（二）安全防护软件

由于计算机和网络在设计之初存在的缺憾、标准的开放性、广泛的普及程度、软件的复杂性、商业利益与竞争以及人们对计算机的依赖等多重因素，导致了计算机系统安全防护成为一个亟待解决的问题。

恶意软件，指任何未经用户许可便进入计算机、非法访问数据或扰乱正常处理操作的计算机程序，其种类繁多，包括病毒、蠕虫、木马、机器人程序和流氓软件等。

计算机病毒，是一种程序指令集，它能够将自身嵌入到文件中，并在宿主计算机上进行复制。病毒的一个显著特性是能够在计算机中潜伏数天甚至数月，悄无声息地进行自我复制，而用户则可能在不经意间将被感染的文件传播（如通过 U 盘和网络复制传播）。除了复制自身之外，病毒还会产生各种危害，轻则显示骚扰信息，重则破坏用户的数据（一种常见的文件病毒会篡改用户文件的属性，使其变成类似操作系统文件属性并隐藏起来）。

蠕虫，通常不采用病毒插入文件的方法，而是复制自身并在网络环境中进行传播。病毒的传染能力主要针对计算机内的文件系统，而蠕虫的传染目标则是互联网内的所有计算机。局域网条件下的共享文件夹、电子邮件、网络中的恶意网页以及大量存在漏洞的服务器等都成为蠕虫传播的温床。网络的发展也使得蠕虫病毒能够在几个小时内蔓延至全球，其主动攻击性和突然爆发性往往使人们措手不及。

特洛伊木马（或简称"木马"），是一种伪装成有用的支撑程序或应用软件的独立程序。用户在不知情的情况下下载并安装它们，而很难察觉到它们的危险性。一般而言，木马不会自我复制和传播，但会利用计算机系统中的漏洞侵入后窃取用户资料和文件。部分木马具有后门功能，黑客可通过后门向用户的计算机传输文件、搜索数据、运行程序，甚至还可以将用户的计算机作为侵入其他计算机的跳板。

机器人程序（bot），指任何能在收到命令后自动完成任务或自主执行任务的软件。善意的 bot 可以完成各种有用的工作，如扫描 Web 从而为搜索引擎收集数据和提供智能在线帮助。然而，恶意 bot 则是由黑客控制的，用于进行一些未经授权或有害的行为。它们可能通过蠕虫或木马进行传播。在恶意 bot 控制下的计算机有时被称为僵尸主机，而连接在一起的 bot 则可组成僵尸网络。控制僵尸网络的主控机会利用众多僵尸主机组合起来的计算能力来进行一些违法行为，如破解加密数据、对其他企业服务器进行拒绝服务（DoS）攻击或发送大量的垃圾邮件。拒绝服务攻击能在网络上产生大负载访问，使服务器被无用的流量所淹没，导致受攻击对象的通信或服务中断。

　　流氓软件，是一类在用户不知情的情况下秘密收集个人信息的程序，通常用作广告或其他商业目的。一旦被安装，流氓软件便会开始监视用户的网络浏览和购买行为，并将信息概要发回。流氓软件进入计算机的方式与木马相似，它能依附在貌似自由软件或共享软件上，或通过用户点击被感染的弹出广告、网页进入计算机。

　　杀毒软件，作为计算机防御系统中的重要组成部分，其功能不仅局限于消除计算机病毒、特洛伊木马和恶意软件，还承担着监控识别、病毒扫描清除、自动更新等关键任务。在现代计算机安全体系中，杀毒软件与防火墙、特洛伊木马和其他恶意软件查杀程序共同构成了多层防御的重要支柱。

　　杀毒软件的作用主要体现在其能够实时监控系统运行状态，识别并消除潜在的威胁。通过对计算机文件、进程和系统活动的实时扫描，杀毒软件能够及时发现并清除各类已知病毒和恶意软件，从而保障计算机的安全性。此外，杀毒软件还具备自动更新功能，通过定期获取最新的病毒定义文件，确保能够识别和应对新出现的恶意代码。然而，尽管杀毒软件在预防和清除恶意软件方面表现相当可靠，但其并非绝对完美。快速传播的蠕虫和其他零时病毒可能在病毒定义更新之前便已经感染了计算机。此外，某些高级的流氓软件可能通过变异或伪装手段规避杀毒软件的检测，从而使得部分恶意软件难以被及时发现和清除。

　　为了最大程度地保护计算机安全，杀毒软件是不可或缺的，但同时也需要采取额外的预防措施。例如，定期备份重要数据可以在计算机遭受恶意软件攻击或数据丢失时提供应急恢复的保障。备份数据不仅可以防止因病毒攻击而造成的数据损失，还能降低由此带来的操作中断和业务损失。另外，杀毒软件的有效性与其更新频率密切相关。只有保持杀毒软件的病毒库和引擎的最新状态，才能及时识别和应对新出现的病毒威胁。因此，用户需确保杀毒软件能够按时或自动进行病毒定义的更新和程序的升级，以保证计算机在面对日益复杂的网络威胁时仍然保持安全。

三、计算机应用软件

应用软件（App）是为了某种特定的用途而被开发的软件。它可以是一个特定的程序，如一个图像浏览器；也可以是一组功能联系紧密，可以互相协作的程序的集合，如微软的 Office 系列软件；也可以是一个由众多独立程序组成的庞大的软件系统，如数据库管理系统（DBMS）。数以万计的具有实用价值的应用软件中既有为个人用户设计的，也有为企业使用设计的。

大部分操作系统都会预先包含一些基本的文字处理、电子邮件和访问因特网的软件，但是计算机用户总是需要其他软件，以使自己的计算机拥有更强的工作能力，能进行更多的商业、学习和娱乐活动。

最为常用的应用软件称为办公软件，办公软件是指各种能够帮助人们提高生产效率的应用软件。最常用的办公软件是文字处理、电子表格、日程安排和数据库管理系统。图形软件、演示软件等有时也归为办公软件类。

四、计算机版权软件

从法律的角度来看，软件的分类主要分为公共软件和版权软件两大类。公共软件不受版权法保护，通常因为其版权已到期或作者明确将软件置于公共领域，使其可以自由复制和传播。公共软件的特点在于其开放性和无版权限制，这意味着任何人可以自由地使用、复制和修改这些软件，但不能单独申请版权。相对而言，版权软件则受到版权、专利或者许可证协议的保护和限制。版权软件可以按照不同的许可方式分为商业软件、自由软件和开源软件。商业软件通常以盈利为目的销售，用户购买后享有有限的使用权，使用过程中需遵守软件公司或开发者的许可协议。自由软件则允许用户自由使用、复制、修改和分发，但通常要求用户在进一步分发时也采用相同的开放性许可协议。开源软件则强调透明度和开放性，用户可以自由查看和修改软件源代码，通常也要求保留开源协议。

（一）商业软件

商业软件，作为一种广泛流通于计算机商店或在线平台的软件产品，其交易本质并非软件本身的直接售卖，而是软件使用权利的转让。用户在"购买"商业软件时，实际上获得的是软件许可证条款所规定的使用权限。这些许可证通常与版权法紧密相连，明确规定了软件的使用方式、范围及限制。尽管某些许可证可能允许软件在多台计算机（如工作用机和家用机）上安装，但通常限制同一时间内仅能在其中一台计算机上运行。

商业软件的推广策略中，评估版或试用软件是一种常见形式。这类软件以免费方式发布，常被预装在新计算机中，但其功能受到一定限制，旨在促使用户付费购买完整版本。厂商会采用多种技术手段对试用软件进行限制，例如设定试用期（如 60 天）、在图形输出中添加"评估版"标识、限制软件运行次数或禁用部分功能（如打印功能），后者因此得名"跛脚软件"。为防止用户通过卸载重装等方式绕过试用时间限制，厂商会采取相应措施。用户若想获得试用软件的全功能版本，通常需访问软件厂商网站并购买注册码，输入后即可重新启用软件。

（二）自由软件

自由软件，作为一种可免费获取且使用的软件，同样受到版权法的保护。这意味着，尽管用户可以自由地使用、复制、传播和修改软件，但不得进行任何未经版权法或作者许可的行为，包括以商业化形式直接出售软件。自由软件在支撑程序、驱动程序以及某些应用程序中广泛应用。

（三）开源软件

开源软件则为程序员提供了未编译的程序指令，即源代码，鼓励用户参与软件的修订和改进。开源软件可以编译后的形式出售或免费传播，但无论何种情况，都必须包含源代码。尽管在传播和使用上没有限制，开源软件仍然受到版权法的保护，并不属于公共软件范畴。

自由软件和开源软件在理念上虽存在细微差异，但二者在多个方面表现出共性。它们都允许用户复制、修改和免费传播软件，且其许可证也具有相似性。BSD 和 GPL 是最常见的两种许可证。BSD 许可证最初是为伯克利软件套件这种类似 UNIX 的操作系统软件设计的，其条款简洁明了。

在购买软件前，有经验的用户会仔细考虑其许可证条款。根据软件许可证的行为规范，用户可以遵循国际通行的模式应用和开发软件。对于发展中国家的计算机专业人员和 IT 用户而言，推广自由软件和开源软件的研究与应用不仅具有成本效益，还能帮助他们紧跟国际 IT 行业的发展前沿，了解开发团队的最新动态，甚至有机会参与到先进计算机技术的开发、研究与应用中，积累宝贵的工程和研究经验。

第三节　计算机网络基础

一、计算机网络的基础概述

（一）计算机网络作用

计算机网络作用可以归类成以下方面：

第一，通信。通过通信，计算机与终端设备之间、计算机与其他计算机之间实现数据传输。此功能涵盖 IP 电话、即时聊天、信息的实时传输和电子邮件的发送等。

第二，协同处理。协同处理指的是将一个任务分配到一个计算机系统中，系统内的多台小型机或微机共同承担任务的各个部分，从而实现任务的并行处理。云计算、网络计算及分布式计算等技术领域都广泛应用了协同处理功能。

第三，资源共享。资源共享包括硬件资源和软件资源的共享。硬件资源共享涉及打印机、硬盘、主机数据和处理能力等；软件资源共享则包括信息文件、应用软件和数据库数据的共享，通过网络实现资源的最大化利用。

第四，提高计算机的可靠性和可用性。在计算机网络中，计算机之间互为后备机。如果某台计算机发生故障，其任务可以被分配给其他计算机，从而提高系统的可靠性。同时，网络能够根据各计算机的负载情况，将新任务分配给相对空闲的计算机，确保每台计算机的有效利用，这一机制显著提高了计算机的可用性。

（二）计算机网络互连

在以 TCP/IP 模型构建的互联网中，网络层实现了众多的功能。网络层实现的功能可以分为四类：① 实现异构物理网络的互连；② 完成互联网中从源主机到目的主机的数据传输；③ 数据传输的最佳路径选择；④ 在路由器上实现的其他功能。在 TCP/IP 模型中，TCP 和 IP 两个协议由于其显著作用而纳入模型名字之中。但随着网络需求的快速提高，老版本的 IPv4 协议渐渐变得难以胜任。

网络互连旨在将不同类型的物理网络连接成一个统一的网络体系。通过网络互连，可以突破网络长度的物理限制，将异地网络连接起来，从而实现更广泛的资源共享。这种互连手段还能够在建立物理网络时，限制网络中计算机的数量和网络的覆盖范围，从而提高单个网络的效率，降低网络管理的复杂度。

1. 网络互连的层次

网络互连技术作为计算机网络领域的重要组成部分，其在不同层次上实现了多种功能，为异构网络的互联互通提供了可能。若两个物理网络在某个层次上的数据形式或格式相同或相互可识别，则这两个网络便可通过该层实现互连。这一原理是网络互连技术的基础，它使得不同物理网络能够在特定层次上交换信息，从而实现资源的共享和数据的传输。

在物理层，若两个网络的物理设备兼容，且控制和数据信号一致，则可通过物理层设备实现互连。例如，两个采用相同标准的以太网，因其总线和网卡相同，内部表示比特流的电信号形式一致，因此可以通过集线器直接连接其总线，实现物理层的互连。集线器在这一过程中起到了信号转发的作用，它使得源主机物理层发出的电信号能够传输到目的主机的物理层，进而被识别并提取出比特数据，最终将数据交给目的进程。

然而，若两个网络的物理层信号形式不同，如以太网的总线分别为铜线和光纤，则无法通过集线器直接实现互连。此时，若两个网络的数据帧格式相同，则可以通过数据链路层的网桥实现互连。网桥在数据链路层转发数据帧，而数据帧中的二进制数据转化为电信号或光信号则由物理层负责。这一机制使得不同物理层信号形式的网络能够在数据链路层上实现互连，从而进行信息的交换。进一步地，若两个网络的数据帧格式不同，网桥则无法完成互连。但只要数据字段包含的数据包格式相同，这两个网络便可在网络层实现互连。互联网要求连入设备采用 TCP/IP 协议，这使得网络层数据格式与处理方式得以统一，因此各种差异较大的网络在网络层都能实现互连。IP 协议作为 TCP/IP 协议体系的核心，与地址解析协议、逆向地址解析协议和差错控制报文协议等共同规范了网络层的数据交换格式和过程，从而实现了广泛的计算机网络互连。

网络互连可在各个层次进行，且不同层次有不同的要求。物理层互连要求设备兼容、控制和数据信号一致；数据链路层互连要求协议和帧格式相同；网络层互连要求协议和数据包格式相同；而高层互连则主要针对使用不同协议的完全异构网络。这些要求保证了网络互连的稳定性和可靠性，使得不同层次的网络能够顺利地交换信息。

根据网络互连层次的不同，可以选择不同的网络连接设备。物理层互连设备主要有中继器和集线器。中继器通过放大信号对抗衰减，将信号转发到另一个物理网络中继续传播；而集线器则在扩展局域网时，将多个物理网段的总线直接连接，但要求信号格式一致，即物理层协议相同。数据链路层的互连设备是网桥，它根据需要将数据帧从一个网段转发到另一个网段，但要求互连的网段具有相同的数据帧结构。网络层互连设备称为路由器，它要求互连的物理网络都遵守 IP 协议。高层互连设备则统称为网关或应用网关，它们的主要作用是进行协议翻译。

在物理层和数据链路层进行的网络互连通常被称为局域网扩展。集线器和网桥连接的都是同类型的物理网络，它们将网络扩展为一个更大的局域网，使得各主机具有相同的网络号。而"网络互连"一词则特指不同类型的物理网络相连，这一过程主要由路由器作为连接设备完成。互连的网络可以看作一个整体，称为虚拟互连网络。在虚拟互连网络中，逻辑上可以异构，物理设备差异巨大，但在网络层看起来如同一个整体，计算机通过这个网连接起来。

2. 网络互连的方法

实现不同物理网络的互连，不仅要实现物理上的互联互通，还要实现逻辑上的相互认可。这一过程面临着诸多挑战，因为不同物理网络之间可能存在巨大的差异。然而，为了实现资源共享，一个网络的数据单元必须能够在其他网络中自由传输，并且为另一个网络中的计算机所使用。因此，要求不同网络使用的数据单元格式一致。只有格式一致，此网络的数据单元才能在彼网络中被识别、被利用。但不同物理网络存在的巨大差异使得这一要求难以满足。例如，PPP 协议和以太网协议就分别规定了各自的数据帧格式，这使得在数据链路层难以实现格式一致的要求。

然而，如果两个网络采用了相同的网络模型（例如都采用了 OSI 模型或 TCP/IP 模型），那么它们就具备了相同的网络模型层次。只要在一个层次上选用相同的协议，这两个网络就具备了相同的数据格式。因为数据单元的格式是由协议规定的，所以两个物理网络在该层次上得到了统一。这样，一个网络在该层次向另一个网络传输的数据单元就能够被对方所识别与处理。至于在两个网络内部其他层次以何种协议、何种方式处理数据，则已经不影响网络互连了。

换言之，网络在接收了来自另一个网络的数据单元后，可以按照本网络的要求来处理该数据单元。例如，一个以太网在网络层收到来自另一个网络的数据包后，可以按照本网络的要求，在数据链路层将该数据包作为数据字段封装成以太网数据帧，然后在本网络中传输、处理、使用该数据包。这一机制使得不同网络之间的数据交换变得可能，从而实现了资源的共享和信息的互通。

事实上，采用了 TCP/IP 模型的互联网就是通过 IP 协议在网络层将所有的物理网络统一起来的。IP 协议作为 TCP/IP 协议体系的核心，规定了网络层数据交换的格式和过程。这使得各种异构的物理网络能够在网络层上进行统一的数据交换，从而实现了广泛的计算机网络互连。这一过程的实现不仅依赖于 IP 协议本身的设计和完善，还依赖于各种网络连接设备和技术的支持。通过这些设备和技术的协同工作，不同物理网络之间的互连变得可能且稳定可靠。

3. 网络互连的组件

路由器作为互联网的核心组件，承担着实现不同网络之间连接的重要职责。网络号的不同标志着网络的差异性，而不同网络之间的连接则需依赖路由器作为关键的连接枢纽。路由器系统不仅构成了互联网的主体脉络，还是通信子网中的交换节点，并形成了 Internet 的骨架结构。

通过路由器的中介作用，一个网络能够与其他各种类型、规模大小的网络实现相连，互联网正是通过这种逐步的互连过程，发展成为覆盖全球的最大的计算机网络。在当前网络发展环境中，路由器的处理速度成为主要的瓶颈之一，同时，路由器的可靠性也直接影响着网络的连接质量。因此，无论是在园区网、地区网还是在整个互联网的研究领域中，路由器技术都始终处于核心的地位，其发展历程和方向也成为整个互联网研究的一个重要缩影。

路由器在网络互连中的角色不仅是两个相邻网络的共同边界，它更是这两个相邻网络的内部成员。路由器的一个端口会连接着一个网络的总线，并拥有一个属于该网络的 IP 地址。作为网络的内部成员，路由器能够像网络中的其他工作站一样进行数据的广播和接收。当路由器发现某个端口收到的数据帧中的数据包需要发送到另一个网络时，它会将这些数据包封装成适合另一个网络的数据帧格式，并通过连接端口以广播的形式转发这些数据帧。由于路由器同时属于多个网络的内部成员，因此它必须同时运行各个网络所采用的协议，以确保数据的正确传输和网络的稳定连接。

路由器是连接两个相邻网络的交换节点，而反过来，一个网络也可以看作是连接两个路由器的链路。在网络结构相对简单的情况下，如果两个路由器之间没有其他起连接作用的节点，那么这两个路由器就构成了相邻的节点。对于距离较远的网络，可以通过通信链路直接将两个网络边界上的路由器连接起来，这种链路构成了一个特殊的直联网段，与之相连的端口则不需要分配 IP 地址。

路由器与网桥在网络互连中展现出了许多相似之处，它们都配备有处理器和内存（实际上，许多重要的网络节点都是一台高档计算机），都通过端口与每个网络相连，并都根据内部的表信息来做出是否进行数据包转发的决定。然而，路由器与网桥之间的区别也主要集中在四个方面：首先，路由器主要工作在网络层，实现的是网络级的互连；而网桥则主要工作在链路层，负责连接不同的局域网段。其次，由路由器构成的互连网络中可以存在回路，这不会影响到网络的正常功能；而由网桥构成的互连网络中如果存在回路，则可能引发"广播风暴"，因此必须努力避免网络形成回路，这在实践中是一个相当困难的问题。再次，路由器和网桥在安全策略、实现技术、性能以及价格等方面都存在着明显的差异。最后，由网桥扩展的局域网仍然属于同一个局域网范畴，具有相同的网络号；而由路由器连接的网络则往往是不同的物理网络段，它们各自拥有独立的网络号。

（三）计算机互连网络协议

IP 是互连网络协议（Internet Protocol）的简称，它具有良好的网络互连功能，原因就在于它规范了 IP 地址和数据包格式，为不同物理网络的互连建立了一个统一的平台。换言之，各个网络为了能够互连，都运行 IP 协议，因而他们都能识别 IP 协议所规定的 IP 地址和数据包格式，都采用 IP 协议规定的方法处理 IP 地址和数据包。

1. IP 地址

IP 地址是互联网中为每个网络连接（如网卡）分配的唯一标识符。IP 地址的长度为 32 比特，由网络号和主机号组成。为了便于记忆，32 比特被分成四个字节，每个字节用一个十进制数表示，并以圆点分隔。这种表示方式称为点分十进制表示法，例如 172.16.122.204。

（1）IP 地址的类型。IP 地址可以根据第一个字节的前几位划分为五类：A 类、B 类、C 类、D 类和 E 类。A 类、B 类和 C 类地址为单播地址，用于标识单一主机，既可以作为源地址，也可以作为目的地址；D 类地址为组播地址，用于标识一组主机，只能作为目的地址；E 类地址为保留地址，以备将来使用或特殊用途。

（2）特殊的 IP 地址。有几类地址不能分配给具体的计算机，他们有自己特殊的作用。路由器会按照以下地址的特殊作用进行路径选择：

第一，广播地址。当主机地址部分全为"1"时，该地址用于向指定网络内的所有主机发送数据。全为"1"的 IP 地址（255.255.255.255）是有限广播地址，用于向本地网络内的所有主机发送数据。

第二，"零"地址。主机号为"0"的 IP 地址表示该网络本身，是网络号；网络号为"0"的 IP 地址表示本网络内的某台主机，全 0 地址"0.0.0.0"表示本主机。

第三，回送地址。任何以"127"开头的 IP 地址都是回送地址，用于网络测试。当程序使用回送地址作为目的地址时，协议软件不会将数据包发送到网络上，而是直接返回给本主机。

因此，网络号和主机号全为 0 或全为 1 的 IP 地址都是具有特殊用途的地址，它们不能用于分配给具体的网络或计算机。然而，这些特殊地址在路由选择和网络管理中却发挥着不可或缺的作用，它们是实现网络通信和管理功能的重要组成部分。

（3）子网与掩码。在大型网络环境中，主机数量的激增往往导致网络管理的复杂度上升，网络效率与响应速度的下降。为解决这一问题，子网划分技术应运而生。通过将一个大型网络划分为若干个规模较小的子网络（或简称子网），不仅可以显著提升网络的管理效率，还能有效增强网络的运行效能。子网掩码在这一过程中扮演着至关重要的角色，它利用主机号的高位部分来创建新的子网编号，从而实现子网的有效划分。具体而言，子网掩码与 IP 地址共同定义了子网的网络号，其中子网掩码中的"1"位对应于子网号部分，而"0"位则对应于主机号部分。值得注意的是，网络划分后必须向外界公布相应的子网掩码，以便路由器能够准确识别并独立处理各个子网。

在路由器的寻址过程中，子网掩码的应用尤为关键。通过与 IP 地址进行"与"运算，路由器能够迅速确定目标接口所在的子网号；而通过与掩码的反码进行"与"运算，则可进一步获取到具体的主机地址。这一机制确保了数据包在网络中的高效传输与准确送达。

（4）IP 地址的分配。IP 地址的分配是网络管理机构向网络建设单位提供的一项重要资源。通常，网络管理机构会以一组连续的地址块形式进行 IP 地址的分配。网络建设单位则根据其网络中计算机的最大数量来购买相应的网络号，从而获得该网络号下所有连续的 IP 地址。为了更灵活地管理 IP 地址资源，网络建设单位还可以通过设计子网掩码的方式，将 IP 地址进一步分配给二级单位。在这一过程中，二级网络管理员既可以将特定的 IP 地址分配给单个用户，也可以允许所有用户共享这些地址，并通过系统临时分配一个空闲的 IP 地址给上网的计算机。

当用户获得 IP 地址后，需要将其与网卡进行绑定。网卡作为网络的物理接口，通过电缆与网络连接。每个 IP 地址都代表着一个网络连接，即一个网络接口。值得注意的是，一台主机可以插入多个网卡，从而拥有多个物理接口；同样，一个网卡也可以绑定多个 IP 地址，因此可以有多个网络接口。这意味着一台计算机可以拥有多个 IP 地址，为其在网络中的多功能角色提供了可能。

在对外提供信息服务的物理网络中，除了大量的客户机外，还包括多个服务器，如 Web 服务器、FTP 服务器、E-mail 服务器和 DNS 服务器等。每个服务器都需要分配一个独立的 IP 地址以提供特定的网络服务。服务器的基本含义是指管理资源并为用户提供服务的计算机软件，它们通常承担着文件存储、数据库管理以及各种服务器应用系统软件的运行任务。如果一台计算机的性能足够强大，它甚至可以安装并运行多个服务器。然而，服务器需要为广大的计算机客户提供服务，因此其负载较重。如果服务器的硬件配置不足以支撑其运行，将会导致服务速度下降，成为影响网络速度的瓶颈，进而损害整体网络性能。

此外，运行服务器的计算机在处理速度和系统可靠性方面的要求远高于普通 PC。这些计算机通常需要在网络中连续不断地工作，如果发生故障，将会导致大量重要数据的丢失以及众多网络服务的中断，从而给网络用户带来巨大的损失。因此，运行服务器的计算机或系统在稳定性、安全性、性能等方面都有着更高的要求。其硬件如 CPU、芯片组、内存、磁盘系统和网络的质量和性能都远优于普通计算机。这些专门用于运行服务器的计算机被称为服务器，它们作为网络环境下为客户机提供信息服务的专用计算机，承担着网络节点的职责，负责处理和存储网络中 80%的数据和信息，因此被誉为网络的灵魂。

在实际应用中，一台性能超强的计算机上可以运行多个服务器，每个服务器都需要各自的 IP 地址，并且这些 IP 地址需要绑定在这台计算机上。虽然多数情况下，一台计算机一般只绑定一个 IP 地址，但在需要运行多个服务器时，则需绑定多个 IP 地址以满足不同的网络服务需求。

（5）IP 报文的格式。IP 报文的格式是 IP 协议中对网络层传输数据包的规定。数据包由 IP 报文头和数据部分组成，其中数据部分包含了传输层所交付的需传递的数据。报文头则是网络层为数据传递所添加的各种控制信息，也称为数据包首部。IP 报文头的前 20 个字节为基本部分，即固定首部，是报文头不可缺少的部分。固定首部之后可能包含若干选项，报文头的大小以 4 字节为单位计数，并根据选项的多少而变化。

IP 报文头的格式复杂且多样，主要由多个字段组成，每个字段承担不同的功能。版本字段指明 IP 协议的版本，通常为 IPv4 或 IPv6。报头长度字段表示报文头的长度，以 4 字节为单位。服务类型字段用于指示数据包的优先级和传输服务质量要求。总长度字段表示整个 IP 数据包的长度，包括报文头和数据部分。

报文头中还包括标识字段、标志字段和片偏移字段，用于实现数据包的分片和重组。生存时间字段（TTL）规定数据包在网络中的最大条数，以防止数据包在网络中无限循环。协议字段指示上层协议，如 TCP 或 UDP。头部校验和字段用于验证报文头的完整性和正确性。

源 IP 地址和目的 IP 地址字段分别记录发送方和接收方的 IP 地址，确保数据包能够正确传输到目标地址。可选字段和填充项则用于进一步地控制和扩展功能。可选字段紧随固定首部之后，填充项用于确保报文头长度是 4 字节的整数倍。

2. 数据包

（1）数据传输服务。在通信子网中，网络层是最高层。在资源子网中，网络层的上层是传输层，网络层为传输层提供从源主机到目的主机的数据包传输服务。一般意义上，计算机网络的网络层可以提供两种服务供传输层选择。这两种服务是面向连接的虚电路服务和无连接的 IP 数据报服务。

第一，虚电路服务。虚电路服务是一种在网络层使用的面向连接服务，专门用于实现数据传输的可靠性。其过程始于源主机发送一个通信连接请求的数据包，该数据包会寻找并逐一记录所经过的一系列路由器，从而构建出一条通往目的主机的最优路径。随后，目的主机会返回一个包含整个路径路由信息表的通信数据包，这便在源主机与目的主机之间建立起了一条逻辑连接通路，即虚电路。所有后续数据包都将沿着这条虚电路进行传输，直到通信结束后释放虚电路。

虚电路服务采用分组交换方式，与传统电话系统的电路交换方式有本质区别。电话系统通过一系列程控交换机在两个通话电话之间建立一条实际的物理电路，并在通话期间独占线路，导致利用率较低。相比之下，虚电路是一种逻辑电路，一条物理线路上可以建立多条逻辑电路，能够同时为多对通信服务。

虚电路服务特别适合大数据量的传输，因为多个数据包会携带相同的路由信息表，中间节点无须进行复杂的路径选择优化计算，只需按照路由信息表标记的传输方向传递数据，从而降低了延迟时间。此外，由于数据包在一个通道内传输，目的主机接收数据包的顺序与源主机的发送顺序保持一致。虚电路服务中的数据包彼此关联、具有顺序性且不独立，如果一个数据包发生错误，则包括该包在内的所有后续数据包都需重新发送。因此，虚电路服务需要检查传输过程中的错误，并负责解决这些错误，以确保所有传输完成的数据包及其顺序无误。这种特性使虚电路服务成为一种可靠的数据传输服务。

第二，IP 数据报服务。IP 数据报服务特指网络层使用的无连接服务。交换节点根据数据包首部中记录的目的 IP 地址，运用路径选择算法决定每个路段的传输路径。数据报服务适合小数据量的通信。

IP 数据报（又常被简称为"数据报"）就是数据包，因为在网络层传输的独立数据单元就是数据包。如果确实要强调两者的差异，数据包常用于描述网络层大量数据单元流动的场合，是网络层数据流中的一个个独立单元；而在讨论具体的一个数据包格式时，更多地使用 IP 数据报或数据报。

在 IP 数据报服务模式下，每个数据包作为一个独立的传输单元，所走的路径可能彼此不同，可能出现后发的数据包先到达目的地，即目的主机接收数据包的顺序与源主机的发送顺序不一致，这种错误叫错序。正是由于每个数据包彼此无关联，IP 数据报服务也无法解决网络传输可能带来的丢失、重复等错误，是不可靠传输。

在互联网中，网络层向传输层提供的基本服务是 IP 数据报服务，也就是 IP 数据报采用 20 字节的固定首部时能够提供的服务。互联网的网络层也是可以提供虚电路服务的，这需要在 IP 数据报首部中增加"松散源路由""严格源路由""路由记录"等任选项，属于特殊处理。一般地，认为网络层向传输层提供的常规服务是 IP 数据报服务。

（2）数据传输技术。面向连接与无连接服务是数据通信的两种不同的传输数据技术，每种都各有优点和缺点。

第一，面向连接传输数据技术。面向连接服务的工作模式类似于电话系统，具体来讲，面向连接服务体现的特点包括三个方面：① 想要实现数据的传输，那么必须要经过三个阶段，即连接建立、连接维护以及释放连接；② 数据传输的过程当中，各个交换节点按照数据包首部中记录的路由信息表向下一个交换节点传输该数据包；③ 传输连接，它的传输轨道就好比我们经常看到的管道，信息的发送者在管道的一端将数据放进去，接收者在管道的另一端把数据取出来，这样的方式可以保证数据包的顺序不发生变化，所以数据的传输相对可靠。

第二，无连接服务传输数据技术。无连接服务类似于邮政系统的信件投递模式，无连接服务体现出的特点主要有三个方面：① 所有的数据包当中都包含源节点地址及目的节点的地址，各个数据包由沿途的交换节点一步一步地向目的地址传输，直到到达目的主机，即使是来自一个报文的若干个数据包，他们彼此的传输过程都是相互独立的；② 连接过程比较简单，不涉及连接建立过程、连接维护过程以及释放连接过程；③ 目的主机可能会接收乱序的数据包、重复的数据包，还可能会遇到数据包丢失的情况。

无服务连接并不是可靠的，但是也有它的优势，它不需要过多的协议处理过程，所以它操作起来简单，能够获得更高的通信效率。

（四）计算机路由的类型及算法

路由，意思是路由选择，选择途径，按指定路线发送。路由器的主要功能就是路由。路由器作为网络的一个交换节点，通过端口连接网络或者通过物理链路连接着一些相邻节点（也是路由器）。为了便于说明，要明确一些概念：目的主机是网络中接收数据包的主机；目的网络是目的主机所在的网络；互联网中的网络都与某个路由器的一个端口相连，连接目的网络的路由器称为目的路由器（也就是目的节点）。路由器的工作就是对于每一个接收到的数据包，根据数据包的目的 IP 地址，确定目的主机在网络中的位置，选择一个端口发出数据包。这个端口要么连接着一个目的网络，要么是连接一个距离目的路由器最近的相邻节点。

总之，是通向目的主机的最佳路径。路由是指路由器从一个端口上收到数据包，根据数据包的目的地址进行定向（路径选择）并转发到另一个端口的过程。

1. 路由的类型

（1）直接路由与间接路由。

第一，直接路由，就是目的节点通过与目的网络相连的端口，以广播方式发送数据帧，从而将数据包发送给目的主机的过程。数据帧的封装以及数据帧的发送都要满足目的网络运行的数据链路层协议要求。一个路由器通过多个端口连接多个网络，必须能够运行这些网络的所有底层协议。

第二，间接路由，是路由器根据数据包中的目的 IP 地址指定的目的网络，选择一个距离目的路由器最近的相邻路由器，通过与之相连的端口，将数据包封装在数据帧中发往该相邻路由器。

（2）静态路由与动态路由。路由器是根据本身拥有的一张路由表进行路径选择的，路由表记录了要去一个网络所应该选择的端口号。路由器根据数据包目的 IP 地址，可以计算出目的主机所在的网络，由查询路由表可知，应该选择哪一个端口。将数据包发往该端口，路由器就完成了数据包的转发工作。

路由表分为静态路由表和动态路由表：静态路由表，是由人为事先规定通信路径，它是根据常识做出的；动态路由表，可以根据网络的现状动态改变选项，以保证做出的路径选择为当前最佳。要做到这一点，所有的路由器都需要定期监测、掌握周边网络现状，定期彼此交换局部网络现状信息，并根据其他路由器提供的网络信息，运用路由算法改写动态路由表。由此可见，采用动态路由表，路由器工作量要大得多，但有利于网络的快速、高效和通信量的均衡。

根据路由器采用路由表的类型，可以将路由分为静态路由和动态路由。静态路由根据静态路由表进行路径选择；动态路由根据动态路由表进行路径选择。

互联网覆盖全球，互联网上网络数量多得难以精确统计，一张路由表不可能记录所有的网络。当一个路由器无法通过查表确定一个数据包该送往哪里时，就把数据包送往一个默认的端口，这种处理方式叫作默认路由。

2. 静态路由算法

路由器的基本功能是路径选择，目的当然是选择最佳路径。最佳度量参数有：路径最短、可靠性最高、延迟最小、路径带宽最大、负载最小和价格最便宜等。可以使用任何一个标准，但必须实现将其指标用数据表示。路由信息交换的方式由路由算法确定。

路由算法的类型可以分为静态和动态两类：① 静态路由算法，预先建立起来的路由映射表。除非人为修改，否则映射表的内容不发生变化；② 动态路由算法，通过分析接收到的路由更新信息，对路由表作出相应的修改。

（1）洪泛法。路由器从某个端口收到一个不是发给它的数据包（也就是本路由器不是目的路由器）时，就向除原端口外的所有其他端口转发该分组。这是一种广播方式，网络中原来的一个数据包经过该路由器广播以后，倍增为个，加之其他的路由器会继续广播，倍增的数据量相当可观。优点是简单，且保证目的主机能够收到，缺点是冗余数据太多，必须想办法消除。

（2）固定路由法。路由器保存一张路由表，表中的每一项都记录着对应某个目的路由器以及下一步应选择的邻接路由器。当一个数据包到达时，依据该分组所携带的地址信息，从路由表中找到对应的目的路由器及所选择的邻接路由器将此分组发送出去。

（3）分散通信量法。路由器内设置一个路由表，该路由表中给出几个可供采用的输出端口，并且对每个端口赋予一个概率。当一个数据包到达该路由器时，路由器即产生一个从 0.00～0.99 的随机数，然后选择概率最接近随机数的输出端口。

（4）随机走动法。路由器随机地选择一个端口作为转发的路由。对于路由器或链路可能发生的故障，随机走动法非常有效，它使得路由算法具有较好的稳健性。

3. 动态路由算法

采用动态路由的网络中的路由器之间通过周期性的路由信息交换，更新各自的路由表。其典型动态路由算法有向量距离算法和链路状态算法。

（1）向量距离算法（V-D 路由算法）。向量距离算法有如下要点：

第一，该算法要求路由器之间周期性地交换信息。

第二，交换信息中包括一张向量表，记录了所有其他路由器到达本路由器的"距离"。

第三，"距离"的度量是"跳步数"或延迟。规定相邻路由器之间的"跳步数"为 1；延迟取决于选取最佳的原则，可以用延迟时间、传输通信费、带宽的倒数等数据化参数，参数越小越优。"距离"表示的是一种传送代价。

第四，每个路由器维护一张表，表中记录了到达目的节点的各种路由选择以及相应的距离，给出了到达每个目的节点的已知最佳距离 $D(i,j)$ 和最佳线路 k。每个路由器都是通过与邻接路由器交换信息来周期性更新该表。

第五，节点 i：路由器自身；节点 j：目的节点；节点 k：节点 i 的相邻节点。

第六，$D(i,j)=\min(d(i,k)+D(k,j))$。$D(i,j)$，本节点到达目的节点的最短距离；$D(k,j)$，本节点的邻节点 k 到达目的节点的最短距离；$d(i,k)$，本节点与邻节点的节点距离；$D(k,j)$ 和 $d(i,k)$，通过与邻接路由器交换信息得到。从本节点出发，有几个邻节点就有几个通往目的节点的路径选择，本节点到目的节点的最短路径就是这几种选择中距离最小的那个。

第七，节点 i 通过交换信息得知节点 k 出故障，$d(i,k)=\infty$，通过重新计算 $D'(i,j)$，找到新的最佳线路 s，改变表中记录为 $D'(i,j),s$。

第八，节点 k 的相邻节点出故障导致 $D(i,j)$ 改变，重新计算 $D'(i,j)$，有两种可能结果：找到新的最佳线路 s，改变表中记录为 $D'(i,j),s$；k 仍为最佳线路，改变表中记录为 $D'(i,j),k$。

（2）链路状态算法（L-S 算法）。向量距离算法在实际应用中暴露出其固有的局限性，即每个路由器仅拥有局部的网络状态信息，缺乏对全网拓扑结构的全面认知。链路状态算法则应运而生，旨在从根本上解决这一问题，实现路由器对全网状态的精准掌控。链路状态算法的核心思想在于，通过节点间路由信息的有效交换，确保每个路由器都能获取到关于整个网络的详尽拓扑信息。这一交换过程涉及每个路由器向其相邻路由器发送包含到达自身距离的信息，该距离数据是由路由器自行测量得出的，因此具有无可置疑的准确性。在此基础上，每个路由器得以了解网络中所有节点的存在、节点间的链路连接状态以及各条链路的代价（如时延、费用等，通常以权值的形式进行量化表示）。随后，这些复杂的拓扑信息被抽象为一张带权无向图，利用最短通路路由选择算法，各路由器能够计算出到达网络中任意目的节点的最短路径。链路状态算法具体步骤如下：

第一，发现相邻路由器。通过向邻居发问候报文，从应答报文可知道相邻路由器是否存在或是否正常工作。

第二，测量距离。通过向相邻路由器发回响报文，计算延迟时间。

第三，构造链路状态报文。各路由器根据相邻路由器的延迟，构造自己的链路状态报文。

第四，广播链路状态报文。每个路由器利用洪泛法向外界广播，确保本网中任何其他路由器都能收到。同样，每个路由器都能收到其他路由器发来的链路状态报文。

第五，计算新路由。每个路由器都可以获得其他路由器发出的链路状态报文，每个路由器都可以据此构造出带权无向网络拓扑图，根据该图，利用最短通路路由选择算法算出所有目的路由器最短路径，建立新的路由表。

二、计算机网络的基础设备

（一）有线传输介质

传输介质是计算机网络最基础的通信设施，是连接网络上各个节点的物理通道。网络中，传输介质可以分为两类：有线介质和无线介质。有线介质包括同轴电缆、双绞线和光纤，无线介质包括无线电波、地面微波、红外线通信、卫星微波等。

1. 同轴电缆

（1）同轴电缆的结构。同轴电缆是由内导体铜芯、绝缘层、外导体屏蔽层和塑料保护层组成，联网时还需要使用专用的连接器件。

（2）同轴电缆的型号。

第一，RG-8 或 RG-11。匹配阻抗为 50 Ω，用于 10 Base 5 以太网，又叫粗缆网。

第二，RG-58A/U，匹配阻抗为 50 Ω，用于 10 Base 2 以太网，又叫细缆网。

第三，RG-59/U，匹配阻抗为 75 Ω，用于 ARCnet（早期一种令牌总线型网络）和有线电视网。

第四，RG-62A/U，匹配阻抗为 93 Ω，用于 ARCnet。

（3）同轴电缆的形式。① 基带同轴电缆，它是网状同时编织构成的，它的特性阻抗数值是 50 Ω，这种形式的电缆适合传输数字信号；② 带宽同轴电缆，它是铝箔缠绕构成的，它的特性阻抗数值是 75 Ω或者 93 Ω，适合传输模拟信号。

在局域网络中，最常使用的是特性阻抗为 50 Ω的基带同轴电缆，数据传输率为 10 Mbps。

（4）同轴电缆主要特性。同轴电缆，依据其直径的差异，可进一步细分为细缆（如 RG-8 和 RG-11 型号）与粗缆（如 RG-58 型号）两大类别。这两类电缆在传输性能、安装要求及应用场景上均展现出各自独特的特点。

粗缆以其较长的连接距离著称，特别是在配备中继器的条件下，其最大传输距离可延伸至 2 500 m，单段最长可达 500 m，并支持最多 5 段连接。此特性赋予了粗缆网络布局的高度灵活性，允许根据实际需求灵活调整计算机的接入位置，而无需切断电缆。然而，粗缆网络的部署并非毫无挑战，其高昂的安装成本与复杂的安装过程，特别是需要配置收发器和收发器电缆，构成了显著的障碍。

相比之下，细缆在传输距离上稍显逊色，即便使用中继器，其最大传输距离也仅为 925 m，单段最长 185 m。尽管如此，细缆在安装便捷性和成本效益上表现出众，安装步骤相对简化且造价低廉。但值得注意的是，细缆的安装过程需切断电缆，并在两端安装基本网络连接头，通过 T 形连接器实现连接。这一构造方式增加了接头数量，可能埋下接触不良的隐患，进而引发网络运行故障。

同轴电缆的另一显著优势在于其强大的抗干扰能力。为了进一步优化其电气特性，通常需要将电缆屏蔽层与大地连接，并在两端配备 50 Ω 的终端适配器，以减少信号反射带来的负面影响。

不论是粗缆还是细缆，它们所构成的网络均属于总线型拓扑结构，即多台计算机共享同一根线缆连接。这种结构在设备密集的环境中尤为适用。然而，其固有的缺陷也不容忽视：任何连接点的故障都可能波及整个网络，影响多台计算机的正常运行，且故障修复过程繁琐。正因如此，随着技术的发展，总线型拓扑结构逐渐被双绞线及光缆所取代。

2. 双绞线

（1）双绞线的结构。双绞线指的是有两根外部包裹着橡胶外皮的绝缘铜线结合在一起组成的线缆。

（2）双绞线的形式。双绞线电缆分成两种不同的形式：一是屏蔽双绞线 STP，二是非屏蔽双绞线 UTP。屏蔽双绞线因为有屏蔽层，所以造价高、安装复杂，只在特殊情况（电磁干扰严重或防止信号向外辐射）下使用；非屏蔽双绞线 UTP 无金属屏蔽材料，只有一层绝缘胶皮包裹，价格相对便宜，安装维护容易，得到广泛使用。

根据传输特性进行分类可以把双绞线分成以下七种类型：

一类线：专注于语言传输，不承担数据传输任务，其设计初衷与功能定位明确。

二类线：实现了语言与数据传输的双重功能，支持最高 4 Mbps 的传输速率，早期在 4 Mbps 令牌环网中得到了应用。

三类线：带宽提升至 16 MHz，不仅能传输语言，还能应对高达 10 Mbps 的数据传输需求，常应用于 10 兆以太网环境。

四类线：带宽进一步增加至 20 MHz，数据传输速率可达 16 Mbps，适用于 16 兆令牌环局域网及 10 兆以太网，展现了更广泛的应用适应性。

五类线：通过采用优质绝缘材料，带宽跃升至 100 MHz，拥有更高的绕线密度，支持最高 100 Mbps 的数据传输，成为 100 兆或 10 兆以太网中的常用选择，也是日常生活中最为普及的电缆类型。

超五类线：以其衰减小、串扰少、延时误差小的特点，显著提升了整体性能，带宽位于 200 MHz 至 300 MHz 之间，通常应用于千兆以太网，满足了更高速度的数据传输需求。

六类线：带宽更是扩展至 350 MHz 至 600 MHz，相较于超五类线，其传输性能有了显著提升，特别适用于传输速率高达 1 Gbps 的应用场景。

双绞线电缆主要用于星形网络拓扑结构，即以集线器或网络交换机为中心、各网络工作站均用一根双绞线与之相连。这种拓扑结构非常适合结构化综合布线，可靠性较高，任何一个连线发生故障时都不会影响网络中其他计算机，故障的诊断与修复比较容易。

（3）双绞线的特征。通常情况下传输距离不会超过 100 m；双绞线类型的不同，传输速度也会不同；容易弯曲，重量比较轻，价格比较低廉，容易维护；可以最大程度地降低串扰，甚至将其消除，有非常强的抗干扰能力；有阻燃性；适合结构化的综合布线。

（4）双绞线的接线方式。常用的五类双绞线有四对线，八种颜色，分别是橙色、橙白色、绿色、绿白色、蓝色、蓝白色、棕色、棕白色，每种颜色的线都与对应的相间色的线缠绕在一起。从传输特性上看，八条线没有区别，连接计算机网络时，只需要四根线即可，而使用哪四根线、如何连接，电子工业协会 EIA（后与其他组织合并形成电信工业协会 TIA）对此做出规定，这就是 EIA/TIA568A 和 EIA/TIA568B 标准，简称 T568A 或 T568B 标准。两个标准规定，联网时使用橙色、橙白色、绿色、绿白色两对线，将他们连接在 RJ-45 接头的 1、2、3、6 四个线槽上，其他四根线可以在结构化布线时，用于连接电话等设备。

根据需要，可以将双绞线接线变成直连线或者是交叉线。直连线指的是双绞线的两端使用的接线线序是吻合的，都用 T568A 或都用 T568B。由于习惯的关系，多数直连线用 T568B 标准；所谓的交叉线指的是双绞线的两端使用的接线标准是有差异的，其中一端使用的是 T568A，另一端使用的是 T568B。

接线方法不同使用的场合也不同，一般情况下，直连线会用于不同类型设备的连接，其内部接线的线序不同，如计算机网络与交换机或集线器连接，交换机与路由器连接，集线器普通口与集线器级联口（UPlink 口）的连接等；交叉线用于连接相同类型的设备，相同类型的设备内部接线线序相同，如两个计算机通过网卡连接，两个集线器或两个交换机之间用普通口连接，集线器普通口与交换机普通口连接等。实际上，不论是哪种接线，都是为了保证一端的发送端（1 橙白、2 橙）连接另一端的接收端（3 绿白、6 绿）。当两个不同类型的设备相连时，由于设备内部线序不一致，用直连线恰好实现一端的发送线槽与另一端的接收线槽相连。当两个相同类型的设备相连时，由于其内部线序一致，所以用交叉线可实现一端的发送与另一端的接收相连。

3. 光纤

光纤，是网络传输介质中传输性能最好的一种介质，大型网络系统的主干网都使用光纤作为传输介质。光纤也是发展最迅速、最有前途的传输介质。

（1）光纤结构。它的横截面是圆形形状的，它主要包括纤芯和包层，这两部分介质的光学性能是有差异的。纤芯是光通路包层，它的构成材料是多层反射玻璃纤维，它可以让光线反射到纤芯上，实用的光缆外部还须有加固纤维（尼龙丝或钢丝）和 PVC 保护外皮，用以提供必要的抗拉强度，以防止光纤受外界温度、弯曲、外拉等影响而折断。

（2）光纤传输原理。先在发送端通过发光二极管把电信号变成光信号，然后在接收端部分使用光电二极管把光信号再转换成电信号。

（3）光纤的类型。光纤分为单模光纤和多模光纤两种类型。单模光纤内径<10 μm，只传输单一频率的光，光信号沿轴路径直线传输，速率高，可达几百吉字节，用红外激光管做光源（ILD）。传输距离远，达数十千米，成本高。多模光纤纤芯直径为 50～62.5 μm，可以传输多种频率的光，光信号在光纤壁之间波浪式反射，多频率（多色光）共存，用发光二极管做光源（LED）。传输距离近，约 2 km，损耗大，成本低。

（4）光纤具有的特征。

第一，具有较大的信道带宽，有比较快的传输速率，一般情况下可以达到 1 000 Mbps。

第二，能够进行远距离的传输。一般情况下，单段的单模光纤传输的距离可以达到几十千米，单段的多模光纤传输的距离可以达到几千米。

第三，有较强的抗干扰能力，能够进行更高质量的传输，在光纤当中传输的是光信号，所以信号的传输不会受到外部电磁场的影响。

第四，重量非常轻、体积小，比较容易运输和安装。

第五，保密性能比较好，受到的信号串扰比较小。

第六，一般情况下，使用塑料和玻璃来制作光纤，所以它的材料来源非常广泛，对环境的污染比较小。

第七，没有辐射，很难进行窃听。

第八，有较强的实用性，能够使用的时间更长。

（二）无线传输介质

无线传输，是利用大气层和外层空间传输电磁信号，地球上的大气层为大部分无线传输提供物理通道，即常说的无线传输介质。无线传输所使用的频段较为广泛，目前主要的无线传输方式有无线电波、地面微波、红外线通信、卫星微波等。

1. 无线电波

无线电波是指频率范围在 10 kHz～1 GHz 的电磁波谱。根据频率的不同，无线电波可以进一步划分为短波波段、超高频波段和甚高频波段。其应用领域广泛，主要用于无线电广播和电视节目传输，以及移动电话通信。同时，无线电波在计算机数据传输中也起着重要作用。

2. 地面微波

地面微波系统使用频率范围通常在 4～28 GHz，信号通过定向抛物面天线进行发射和接收。由于微波信号具有极强的方向性，且沿直线传播，遇到障碍物时会被反射或阻挡，因此要求传输路径上没有障碍物或视线可达。然而，地球的曲率限制了直线传播的距离，一般在超过 50 km 时需要设置中继站。此外，当传输路径被山脉等自然障碍物阻隔时，也需要通过中继站来放大信号。地面微波系统为远距离通信提供了重要支持，特别是在不便铺设电缆的地区。其频带宽、容量大，能够实现多种电信业务的传输，包括电话、传真、数据、彩色电视信号等。

3. 红外线通信

红外线通信指依赖红外线作为信息传输手段的一种通信方式。具体来讲，红外线通信的传输方式可以分成以下两类：

（1）点对点的方式。点对点传输方式的优势在于能够有效控制信号衰减，难以被侦听，但要求红外线发射器和接收器之间不能有物体阻隔。

（2）广播方式。广播方式则面向较大的区域，区域内的接收器均可接收到信号。

通常情况下，红外通信主要运用在这些设备中：掌上电脑、个人数字处理设备、笔记本电脑、桌面计算机、计算机装置的数据传输、盒式录像机以及控制电视等。

4. 卫星微波

卫星通信是微波通信的一种，微波会利用卫星作为中继站，实现不同地面之间的信号连接。卫星通信最大的特点是覆盖范围广，多个地面之间可以实现无缝隙覆盖。之所以能够覆盖如此广泛，是因为它停留在几百米、几千米甚至是几万米的卫星轨道上，所以覆盖范围相比其他通信系统广。因此，卫星通信可广泛应用于视频、电话、数据等远程传输。

（三）网络连接设备

1. 集线器

（1）集线器及其作用。集线器作为网络设备，主要功能在于将网络中的多个站点连接在一起。在局域网络中，每个站点通过某种介质连接至网络，使用双绞线连接时，由于 RJ-45 接头的特殊性，必须通过一个中心设备将多个工作站连接在一起，该中心设备即为集线器或集中器。集线器通常具备信号再生或放大功能，并拥有多个端口，因此也被称为多端口中继器。

（2）集线器的工作原理。以普通共享式以太网集线器为例，其工作原理可从网络体系结构中得到解释。集线器工作在网络的物理层，仅能机械地接收比特，并在信号再生后将其转发出去。集线器无法识别数据包的源地址和目的地址，因而没有地址过滤功能。当集线器接收到比特时，为了确保数据传输至目的站点，需要采用广播方式，即从一个端口接收数据后，向除入口端口之外的所有端口广播该数据。这种工作机制虽然实现了数据的传输，但由于缺乏地址过滤，会导致网络中的所有设备均接收到广播数据，从而可能引发网络拥塞及安全隐患。

从内部结构看，集线器只有一条背板总线，集线器上所有端口都挂接在这条总线上，一个站点传输数据时，需要独占整个总线的带宽，其他站点只能处于接收状态。如果多个站点发送数据，需要通过用竞争方法，获得介质访问权利。这种竞争方式使得集线器的每个端口获得的实际带宽，只有集线器总带宽的 $1/N$（N 为集线器端口数量）。

当局域网站点众多，一个集线器端口不能将所有站点连入网络时，可以采用集线器级联方法，有些集线器有级联口（UPLink 口），可以用直连线一端连一个集线器的级联口，另一端连接另一个集线器的普通端口；如果集线器没有级联口，可以用交叉线连接两个集线器的普通口。集线器级联后，相当于增加了集线器的端口数量，降低了每个端口的平均速率，在扩大广播范围的同时，也扩大了冲突范围。

（3）集线器的类型划分。按照集线器提供的端口数进行划分，目前主流集线器主要有 8 口、16 口和 24 口等大类；按照集线器所支持的带宽，通常可分为 10 Mbps、100 Mbps、10/100 Mbps 自适应三种。

2. 调制解调器

（1）调制解调器及其作用。调制解调器是电话拨号和因特网之间进行连接使用的硬件设备。一般情况下，计算机会使用数字信号传播信号，电话线会使用模拟信号传播信号。两种信号的不同，导致两者进行信号传输时需要使用调制解调器。当计算机发来信息，调制解调器会将计算机的数字信号变成电话线接收模拟信号；当电话线需要传输信号，调制解调器则会将电话线中的模拟信号变成计算机可以使用的数字信号。调制解调器的作用是实现两者的信号传输。

（2）调制解调器的分类。调制解调器有外置式和内置式两种：外置式调制解调器放置于机箱外，有比较美观的外包装；内置式调制解调器是一块印制电路板卡，在安装时需要拆开机箱，插在主板上，较为烦琐，还有USB接口的调制解调器。

3. 网卡

网卡又叫网络接口卡或网络适配器，是组建网络必不可少的设备，每台联网计算机至少要有一块网卡。网卡一端有与计算机总线结构相适应的接口；从另一端体系结构角度来看，在OSI参考模型中，主机应该具有七层结构，网卡为OSI参考模型提供物理层的服务功能以及数据链路层的服务功能，它的存在使得计算机可以进行通信，能让计算机完成底层通信协议。

除此之外，网卡还会给计算机提供地址，让计算机具有网络唯一标识，该地址叫作物理地址或MAC地址。网卡有许多种类型，由于以太网是当前市场的主流产品，所以以下结合以太网卡，介绍网卡的基础知识。

（1）网卡的功能。在网络通信中，网卡主要有以下功能：

第一，连接计算机与网络。网卡是局域网中连接计算机和网络的接口，通过总线接口连接计算机，通过传输介质接口连接网络。多数网卡支持一种传输介质，也有同时支持多种介质的网卡，如二合一网卡、三合一网卡。

第二，进行串行/并行转换。网卡和局域网之间的通信是通过同轴电缆或双绞线，为载体进行串行传输，但是网卡和计算机的通信利用的是计算机主板当中的I/O总线为载体，进行并行传输，所以网卡的作用就是进行串行转换以及并行转换。在发送端，要将来自计算机的并行数据转换成串行在网络里传输；在接收端，网卡要将从网络中传来的比特串转换成并行数据交给计算机。

第三，差错检验。网卡以帧为单位，检查数据传输错误。在发送端发送数据时，网卡负责计算检错码，并将其附加到数据之后；在接收端，网卡负责检查错误，如果收到错误的帧，则会丢弃，如果收到正确的帧，则会发送给主机。

第四，实现网络协议。不同类型的网络，其介质访问控制方法以及发送接收流程不同，传输的帧的格式也不同。使用什么协议进行通信，取决于网卡上的协议控制器，协议控制器决定网络中传输的帧的格式和介质访问控制方法。在发送端，网卡负责将数据组装成帧，加上帧的控制信息；在接收端，网卡负责识别帧，并负责卸掉帧的控制信息。

第五，编码解码。为改善传输质量，发送端网卡在发送数据时，需要对传输数据重新编码。以以太网为例，在发送数据时，需要将数据用曼彻斯特编码后送传输介质传输；在接收端，网卡从传输介质接收曼彻斯特编码，并将其还原成原来的数据。

第六，数据缓存。在发送端，主机将发送的数据送给网卡，网卡发送数据并将要发送的数据暂存在缓存中，如果接收端发来确认信息，网卡将缓存中的数据清除掉，腾出缓存发送新的数据；如果接收端没有正确收到，网卡会从缓存中重发数据，直到正确收到为止。在接收端，缓存用于暂存已经到达但还没有处理的数据，每处理完一帧数据，就将该数据从缓存中清除，准备接收新的数据。

第七，发送接收。网卡上装有发送器和接收器，用于发送信号和接收信号。

（2）网卡地址。每块网卡都有一个世界上独一无二的地址，这个地址叫作物理地址，又叫 MAC 地址，该地址在网卡的生产过程，被写入网卡的只读存储器中。以太网卡的物理地址是由 48 位二进制数组成。但是，由于二进制数不便于书写和记忆，所以实际表示时用 12 位十六进制数表示。十六进制到二进制的转换十分简单，即将每四位二进制数写成一位十六进制数即可。

第三章　计算机基础课程设计
与体系构建

在数字化时代背景下，计算机基础课程的设计和体系构建显得尤为重要。本章将深入探讨计算机基础课程的构建艺术。阐述课程设计的创新理念及其实施流程，并聚焦于教学资源的精心设计，以支撑教学活动。以及构建一个全面、系统的计算机基础教育课程体系，培养学生的计算思维和解决实际问题的能力。通过这些内容的深入分析，本章旨在为计算机基础教育提供坚实的理论和实践基础。

第一节　计算机基础课程设计理念与流程

一、计算机基础课程设计理念

计算机基础课程设计理念应以培养学生的计算思维能力和实际应用能力为核心目标。通过合理安排课程内容和教学方法，帮助学生建立扎实的计算机科学基础知识，提升解决问题的能力。

第一，课程内容应涵盖计算机硬件与软件基础、编程语言、数据结构、算法设计等核心知识点，以确保学生掌握计算机科学的基本理论和实践技能。此外，课程设计还应注重培养学生的逻辑思维能力和创新意识，通过设置综合性项目和实际应用案例，促使学生将理论知识转化为实际应用能力。

第二，教学方法应采用以学生为中心的教学模式，通过互动式教学、项目驱动学习和实践操作等方式，激发学生的学习兴趣和主动性。同时，合理利用大数据技术和人工智能工具，可以为学生提供个性化的学习路径和反馈，提升学习效果。教师在课程设计过程中，应重视对学生学习过程的评价和反馈，通过及时调整教学策略，确保教学目标的达成。

第三，课程设计应与时俱进，及时更新课程内容，加入最新的技术发展趋势和应用实践，使学生能够紧跟时代步伐，掌握前沿技术。在课程设计中，还应加强跨学科融合，通过与其他学科的交叉与结合，拓宽学生的知识视野，培养其综合应用能力。

计算机基础课程的设计理念应强调学生的实践能力和团队合作精神。通过设置团队项目和协作任务，培养学生的沟通能力和团队合作意识，使其在未来的职业生涯中具备良好的合作能力和解决复杂问题的能力。课程设计应重视对学生创新能力的培养，通过鼓励自主学习和创新实践，激发学生的创造力和探索精神。

二、计算机基础课程设计流程

计算机基础课程设计流程应当科学严谨，以实现最佳教学效果为目标。计算机基础教育课程设计的具体流程包括需求调研、能力分析、基础课程资源设计、课程设计及开发和课程体系的设计。

（一）需求调研

需求调研是课程设计的起点，旨在全面了解非计算机专业学生对计算机应用的实际需求。通过深入调研，可以获取学生在不同专业背景下的学习需求和应用场景，为课程设计提供准确的参考数据。这一阶段的工作至关重要，直接影响后续课程设计的方向和内容选择。需求调研包括以下两个方面内容：

1. 计算机的应用能力

通过系统的调研，可以准确了解学生在入学时计算机的应用能力，从而为计算机基础教育课程内容的设计和教学方法的选择提供科学依据。调研应从全国高校范围内抽样，涵盖各类专业和各类高校的新生，确保样本的广泛性和代表性，以避免调研结果的偏差。只有在充分掌握新生计算机应用能力的基础上，才能制定出符合实际需求的教学起点和课程内容，使教育更具针对性和实效性。调研对象的抽样应在全国范围内进行，涉及各类高校和专业，以确保数据的全面性和代表性。这样的广泛抽样不仅能避免局限于某一地区或某一类型高校所导致的结果偏差，还能全面反映新生的整体计算机应用能力水平。调研内容应包括新生对基本计算机操作、常用软件应用、互联网使用以及基础编程知识的掌握情况。通过详细的数据分析，可以为课程设计提供精准的起点，为教学方法的选择提供可靠依据。

在调研过程中，数据的收集与分析应采用科学的方法，确保调研结果的准确性和客观性。通过问卷调查、技能测试等多种手段，全面评估新生的计算机应用能力。调研结果的分析报告应详尽具体，涵盖各个能力指标的详细描述和统计数据，并提出针对性建议。这一分析报告不仅是课程设计的重要参考，也是教学改进的重要依据，为提升计算机基础教育的整体水平提供有力支持。

调研分析报告的撰写应注重数据的解释和结论的提出，通过对新生计算机应用能力现状的全面分析，明确当前教学的起点和存在的问题，并提出相应的改进建议。报告应详尽分析各类高校、各类专业新生在计算机应用能力上的差异，指出共性问题和个性需求，为后续的教学改革提供数据支持。通过科学的调研和详细的分析，可以为计算机基础教育课程的设计和教学方法的优化提供强有力的依据，确保课程设置更具针对性和实效性。

只有在充分了解新生计算机应用能力的基础上，计算机基础教育才能实现精准定位。调研结果将为教学内容的选择和教学方式的制定提供科学依据，使教育更符合学生的实际需求和能力水平。通过科学的调研、详细的分析和有效的报告撰写，可以为大学计算机基础教育课程的设计提供坚实的基础，确保教学的高效性和针对性，从而全面提升计算机基础教育的质量和效果。

2. 计算机的应用领域

对计算机应用领域的探讨需要从整体视角出发，综合调研结果进行深入分析，以明确非计算机专业工作中涉及的主要计算机应用领域。这些领域包括数据处理、信息管理、自动化办公、网络应用及专业软件使用等。数据处理领域要求熟练掌握数据分析工具和技术，确保数据的高效处理与准确分析；信息管理领域则涉及数据库管理系统的应用与维护，保障数据的安全性和完整性；自动化办公领域强调办公自动化系统的应用，提高工作效率和准确性；网络应用领域关注网络架构设计、信息安全及网络应用的开发与管理；专业软件使用领域则要求对各行业特定的软件工具和系统进行操作与优化，以满足行业的特殊需求。深入理解和应用这些领域的计算机技术，可以大幅提升各行业的工作效率和竞争力，推动技术进步与创新。

（二）能力分析

计算机基础教育应以能力培养为主导，能力具有多种要素，构成一个比较复杂的能力体系。对于不同的活动目标，可以构建基于目标的能力模型。能力分析主要包括以下方面：

第一，依据需求分析确定大学计算机基础教育的培养目标及其组成要素。这些培养目标及组成要素不仅要体现计算机基础教育的应用特征，还需反映教育改革所追求的计算思维与问题解决能力的提升。在设计这些目标时，应综合考虑当前技术发展的趋势与实际应用需求，使学生具备与时俱进的计算机应用能力。

第二，不同能力的培养需要采用多样化的培养方式、教学方法和学习策略。在大学计算机基础教育中，不同能力的培养方式应初步明确，教学方法需因材施教，学习方法应灵活多变。针对特定能力的培养，可以采用案例教学、项目驱动、问题导向等多种教学策略，确保学生在实际操作中获得真实的学习体验与能力提升。

第三，知识体系是能力体系的重要组成部分，而信息素养则是能力施展的基础保障。能力分析必须明确知识体系和信息素养在整个能力体系中的作用和定位。计算机基础教育应注重知识体系的系统性与完整性，帮助学生建立全面的知识框架。同时，应强化信息素养教育，使学生能够有效获取、评价和利用信息资源，从而在实际应用中展现出高效的问题解决能力和创新能力。通过系统的能力分析与培养，大学计算机基础教育将为学生打下坚实的能力基础，助力其未来的发展与成长。

（三）基础课程资源设计

基础级课程资源又称课程的构件级资源。基础级课程资源设计是下一步课程设计的基础。基础级课程资源来自应用需求，反映在能力模型中就是不同能力培养对资源的不同要求。计算机基础教育的基础级课程资源设计主要包括以下三种。

1. 反映计算机基本应用能力的资源

反映计算机基本应用能力的资源旨在培养学生掌握计算机基本操作和应用的最低要求。这些资源应包括对基础知识的系统讲解以及基本操作技能的训练，涵盖从操作系统的使用到基本办公软件的应用等内容。这类资源的设计必须具有广泛的适用性，以确保所有学生都能在基础教育阶段打下坚实的计算机应用基础。

2. 反映计算机技术应用能力的资源

反映计算机技术应用能力的资源主要关注于技术性知识和技能的传授。这些资源应涉及计算机系统的设计与维护、软件开发、网络配置与管理等技术应用领域。通过系统的技术训练，学生能够掌握先进的计算机技术，并具备解决复杂技术问题的能力。这类资源的设计需要紧跟技术发展的前沿，确保学生能够在迅速变化的技术环境中保持竞争力和适应性。

3. 反映计算机综合应用能力的资源

反映计算机综合应用能力的资源致力于培养学生综合运用所学知识和技能解决实际问题的能力。这类资源通常包含案例分析、项目实践等，旨在通过具体情境中的实际操作，使学生在综合运用中深化对知识的理解并提升应用能力。综合应用能力的培养不仅注重技术的掌握，还强调创新思维、团队协作和解决复杂问题的能力。资源设计应紧密结合课程目标，通过实际项目和案例引导学生在实践中学以致用。

（四）课程设计及开发

课程开发是教师的核心优势。拥有完善的计算机基础教育基础级课程资源库，并遵循规范化的课程开发程序，课程设计与开发将变得更加高效。为实现课程开发的目标，必须将课程内容与专业需求紧密结合，补充相应的案例和训练项目等新型课程资源，以支持大学计算机基础教育能力培养质量的提升。课程开发包括以下四个方面的要求：

第一，课程的教学单元内容应取自基础级课程资源库，其能力和知识结构应充分体现计算机应用培养需求。这意味着，课程内容必须紧扣实际应用场景，涵盖基本应用能力、技术应用能力和综合应用能力的各个方面，以确保学生在学习过程中能够获得全面而系统的知识和技能。

第二，课程设计应体现将新兴计算机技术的发展引入教学。这不仅有助于学生掌握最新的技术动态，还能提高其应对快速变化的技术环境的能力。通过引入先进的技术内容，课程可以保持前沿性和时代性，激发学生的学习兴趣和创新潜能。

第三，课程开发应注重能力内涵的体现，尤其是融入计算思维能力的培养。计算思维是计算机科学的核心思维方式，涵盖了算法思维、抽象思维、逻辑推理等多方面的内容。通过在课程中融入计算思维的训练，可以提高学生的思维能力，使其在面对复杂问题时能够运用计算机科学的思维方式进行分析和解决。

第四，课程开发应以培养学生解决实际问题的能力为目标，注重理论与实践、思维与行动的结合。这要求课程不仅要传授理论知识，还要通过实际项目、案例分析等方式，使学生在实践中应用所学知识。通过这种教学方式，学生能够在真实场景中锻炼和提升其解决问题的能力，从而达到理论与实践的有机结合。

（五）课程体系的设计

课程体系的设计应基于新一轮计算机基础教育教学改革的目标，充分考虑计算机基本应用能力的不均衡状态，贯彻计算机基础教育"分类指导"的原则。为了更好地满足专业需求和学生需求，计算机基础教育教学改革中应更加注重课程体系的改革与创新。

第一，课程体系设计应针对不同专业的具体需求进行调整。不同专业对计算机应用能力的要求有所不同，课程体系需要灵活地适应这些差异化需求。通过对各专业需求的深入分析，设计出符合其特点的课程模块，确保每一类学生都能在其专业领域中充分运用所学的计算机技能。

第二，课程体系设计需要关注学生计算机基本应用能力的起点差异。由于大学新生的计算机基础能力存在显著差异，课程体系应提供多样化的课程路径，使不同起点的学生都能找到适合自己的学习路径。通过设立基础课程和进阶课程，使基础薄弱的学生能够夯实基础，而能力较强的学生则可以通过高级课程进一步提升技能。

第三，课程体系应体现灵活性，为学生提供更多的选择权和决策权。学生应能够根据自己的兴趣、职业规划和学习进度，选择适合自己的课程和学习模块。灵活的课程设置不仅能激发学生的学习兴趣，还能使其在自主学习中获得成就感，进而提高学习效果。

第四，课程体系的设计应考虑到不同类型学校和不同学科专业的特殊需求。在综合性大学、工科院校、文科院校等不同类型的高校中，计算机基础教育的侧重点可能有所不同。因此，课程体系需要具备高度的适应性，以满足各类高校的教育需求。同时，不同学科专业对计算机技能的要求也不尽相同，课程体系应灵活调整，以适应各学科专业的具体要求。

第五，课程体系的设计应以学生为中心，灵活应对不同类型学校和学科专业的需求，提供多样化的课程路径和选择权，注重教学方法的创新，以实现计算机基础教育的全面提升。通过科学合理的课程体系设计，可以更好地促进学生计算机应用能力的发展，适应新时代对人才培养的要求。

第二节　计算机基础课程的教学资源设计

一、以"计算"为基础课程的教学资源设计

（一）基于"计算"的计算机应用领域

将不同的学科融入计算机科学与技术中去，能够让研究的方法和工具得到改进与完善，从而推动不同学科的进步与发展。广泛的计算机应用以及快捷便利的信息处理方式都在很大程度上推动了计算机的发展与进步。

计算机从诞生的那一刻开始就快速地融入了人类的各种活动中，直到现在它也在促进着人类社会的不断进步。

1. 信息管理领域

信息管理又称数据处理，是目前计算机应用最广泛的一个领域，涉及社会各行各业。信息管理是现代化管理的基础，利用计算机加工、管理与操作任何形式的数据资料，对数据进行综合分析，如企业管理、物资管理、报表统计、财务管理、信息情报检索、商业数据交流管理等，显著提高了工作效率和管理水平。国内许多机构建设了自己的管理信息系统；生产企业也开始采用制造资源规划软件；服务制造一体化企业为提升自身管理和客户服务进一步构建企业资源计划；商业流通领域则逐步使用电子信息交换系统，即所谓无纸贸易。

2. 人工智能领域

人工智能指利用计算机开发一些具有人类某些智能的应用系统，模拟人的思维判断、推理等智能活动，使计算机具有自适应学习和逻辑推理的功能，帮助人们学习和完成某些推理工作。人工智能是一门应用性学科，在其基础理论支持下与各应用领域相结合进行研究，产生多个应用领域的技术。人工智能应用领域相关的分支学科随着人工智能发展而不断增加。人工智能较为热门的应用领域分支学科包括以下方面。

（1）自然语言处理。自然语言处理起源于机器翻译，后扩展至自然语言理解、语音识别及自然语言生成等内容。对自然语言处理的研究涉及多种自然语言中的语法、语义、语境等多方面的应用领域知识，以及用人工智能基础理论中的思想、方法与手段对其进行研究，用以处理自然语言中的理解与生成以及语音识别，最终达到用计算机系统实现的目的。

（2）模式识别。模式识别是利用计算机模拟人类识别能力的技术。模式识别具体表现为对文字、声音、图形、图像以及人体和物体的识别。目前主要的模式识别领域包括声音识别、文字识别和图像识别。声音识别涵盖语音、音乐及外界其他声音的识别，文字识别包括联机手写文字识别和光学字符识别等多种文字的识别，图像识别则涉及指纹识别、个人签名识别及印章识别等。

（3）计算机视觉。计算机视觉是用计算机模拟人类视觉功能的研究领域，其目标是描述、存储、识别和处理人类所能见到的外部世界的各种人物和事物。这些事物包括静态的与动态的、二维的与三维的内容。常见的计算机视觉应用包括人脸识别、卫星图像分析与识别、医学图像分析与识别以及图像重建。计算机视觉的研究不仅提高了图像处理技术的精度和速度，还广泛应用于多个行业，推动了科技进步。

（4）智能机器人。智能机器人是指具备类人功能的机器。智能机器人可以分为工业机器人和智能机器人，在人工智能领域，通常指的是后者。尽管这种机器人不一定具有人的外形，但必须具备人的基本功能，如感知功能、处理能力和执行能力。智能机器人由计算机及其相关的机电部件与设备组成，通过模拟人的感知和思维过程，实现复杂任务的自动化和智能化操作。这些机器人在工业、医疗、服务等领域有着广泛的应用，显著提高了生产效率和服务质量。

（5）机器博弈。机器博弈分人机博弈、机机博弈以及单体、双体、多体等多种形式。其内容包含传统的博弈内容，如棋类博弈，从原始的五子棋、跳棋到中国象棋、国际象棋及围棋等；还包括现代的多种博弈游戏以及带博弈性的彩票、炒股、炒汇等带有风险性的博弈活动。机器博弈是智能性极高的活动，一般认为，机器博弈的水平高低是人工智能水平的主要标志，对它的研究能带动与影响人工智能多个领域的发展。

3. 科学计算领域

科学计算领域指的是利用计算机对科研中遇到的数学问题进行处理，这一过程也被称作数值计算。计算机可以通过离散型方程处理数学问题，也可以通过将连续系统离散化进行数值处理，解决复杂的数学计算问题。

科学计算广泛应用于科学研究和工程技术中，其在许多领域中的应用是其他计算工具难以替代的。

科学计算在高能物理、气象预报、工程设计、地震预测、天体物理、航空航天、材料科学、化学化工、石油勘探以及基因分析等领域具有重要作用。这些领域的研究和应用往往涉及复杂的数学问题和大量的数据处理，计算机凭借其强大的计算能力和逻辑判断能力，成为解决这些问题的最佳工具。

新兴学科如计算物理学、计算力学、计算生物学以及计算化学等的出现，得益于计算机在科学计算领域的卓越表现。这些学科通过计算机的强大运算能力和逻辑判断能力，能够进行复杂的模拟和分析，从而推动了相关领域的研究和发展。计算机的引入，使得这些学科能够处理更加复杂的系统和模型，从而揭示自然界和工程系统的深层规律和机制。

4. 工程计算领域

（1）检测和控制。只有得到足够的信息，才能有效地控制人工系统和自动化系统。若是系统以自动化为主，就可以借助计算机将检测和控制连接起来。在试验或生产的过程中，计算机既能够完成数据检测，又能够进行操作控制。计算机监控系统的作用并不是实现计算机检测和控制技术的自动化，而是为操作人员提供相关数据以供参考。计算机监控系统能够计算不同的信息，同时作出预判，或是提供相关的解决方案，但只有操作人员才能决定最终的结果和行动方案。

（2）辅助系统。计算机辅助设计、制造以及测试都属于计算机辅助系统。其中，计算机辅助设计指的是人们在设计工程或产品的过程中需要计算机的帮助。船舶设计、飞机设计、机械设计、建筑设计以及集成电路设计等都可以使用计算机辅助系统。计算机辅助设计不仅能够节约成本，获得更好的工作效率，还能够高质量地完成设计。此外，工程领域也广泛使用了计算机辅助设计，很多国家都构建了计算机集成制造系统，其中包含了计算机辅助制造、计算机辅助设计、计算机辅助工程、计算机辅助测试以及计算机管理和加工系统，能够同时实现设计、制造、测试以及管理。

（3）模拟与仿真。模拟与仿真技术的核心在于构建各种模型，包括物理效应模型和数学模型，以此为基础对不同类型的系统进行深入研究。这些系统涵盖了广泛的领域，不仅包括机械、土木、水利、声学、电子和热学等技术系统，还包括生态、社会、生物、经济和管理等非技术系统。通过构建和分析这些模型，研究人员能够模拟现实世界中的复杂现象和过程，从而获得对系统行为和性能的深刻理解。

模拟与仿真技术的实质是通过建模和实验对系统进行模拟和分析。这一技术依赖于计算机和计算技术的迅速发展，使得仿真的精度和复杂性得到了极大的提升。计算机的强大运算能力和先进的算法支持，使得复杂系统的仿真变得更加可行和精确。通过仿真技术，研究人员可以在虚拟环境中对系统进行测试和优化，减少了实际实验的成本和风险，并提高了研究效率。

（二）基于"计算"的基础课程类型

1. 程序设计基础课程

程序设计基础课程涵盖了程序语言的基本数据类型、基本输入/输出、基本程序控制结构、函数、常用算法与问题求解以及程序的基本调试过程等内容。这些内容不仅为学生奠定了扎实的编程基础，还培养了他们的逻辑思维能力和解决问题的能力。根据不同专业的需求，课程可选择相应的程序设计语言，如 C 语言、VB 语言和 JAVA 语言，以确保学生能够掌握适用于各自领域的编程工具和技术。

2. 数据结构与算法分析课程

数据结构与算法分析课程是计算基础教育的另一个核心部分。该课程主要涉及线性表、树、图和广义表等数据结构，以及算法设计策略、查找与排序算法等内容。通过系统学习这些内容，学生可以深入理解计算机算法的设计与分析方法，掌握高效解决复杂问题的技巧。数据结构和算法分析不仅是计算机科学的基础，更是各类计算机应用和技术开发的核心知识，对学生未来从事相关领域的研究和工作具有重要指导意义。

3. 计算机组成原理课程

计算机组成原理课程涵盖了数据表示、运算器的组成及运算方法、内存储器的组成、工作原理与设计方法、指令和数据的寻址方式、指令格式的设计与分析方法、控制器的功能和组成、寄存器的功能、操作控制器的组成与工作原理及设计方法、总线的基本概念、输入/输出系统、I/O 接口和 I/O 控制方式等内容。这些内容全面而系统地介绍了计算机硬件系统的基本原理与结构，使学生能够理解计算机系统的各个组成部分及其协同工作方式，为后续深入学习计算机体系结构和计算机系统工程奠定了坚实的理论基础。

4. 微机原理与接口技术课程

微机原理与接口技术课程主要涉及微机系统概述、典型微处理器、指令系统、汇编语言程序设计、存储器系统、微机总线与输入/输出技术、中断系统、典型接口芯片及其应用等内容。这些内容不仅介绍了微机系统的基本概念和构成，还深入探讨了微处理器的工作原理与应用，使学生能够掌握微机系统的设计和开发技术。通过对汇编语言的学习，学生能够更好地理解计算机硬件与软件的协同工作机制，同时，通过对终端系统和接口技术的学习，学生能够掌握处理器与外设之间的通信原理及实现方法，为未来从事嵌入式系统和计算机硬件开发打下坚实基础。

二、以"数据"为基础课程的教学资源设计

（一）基于"数据"的计算机应用领域

数据技术已经渗入到社会生活中的各行各业，其应用领域包括科学研

究、互联网、金融、社会、医疗、商业和政治等。基于"数据"的计算机应用领域主要包括以下两个方面:

1. 物联网领域

物联网是一种通过网状形式将各个物体相互联系的体系结构,其核心目标在于实现信息交换与通信。这一技术架构不仅将物体之间紧密连接起来,还通过数据的实时传输和处理,改变了传统的思维模式和生活方式。物联网的兴起,使得物理基础设施与 IT 基础设施逐步融合,形成统一的基础设施,推动了互联网与物联网的相互依存和紧密联系。作为互联网的延伸,物联网借助其强大的数据处理能力和广泛的连接性,展现出了显著的技术优势。

在科技不断进步的推动下,物联网技术的潜力逐渐显现,越来越多的国家认识到了其重要性,并积极将其应用于各类科技产业中。物联网产业正处于快速发展阶段,应用前景广阔,涵盖了交通、农业、家居、环境监测、物流管理、企业管理等多个领域。通过物联网技术,这些领域实现了智能化管理和高效运作,带来了显著的经济效益和利润增长点。

物联网的迅速发展不仅促进了各行业的技术积累,也推动了社会的全面进步。随着物联网技术的进一步成熟和普及,其在未来将扮演更加重要的角色,成为推动各领域创新与发展的关键动力。物联网的广泛应用和不断创新,必将引领未来科技产业的发展方向,提升社会整体的智能化水平。

2. 互联网领域

互联网是由各类网络互联而成的全球信息枢纽。在日常生活中,用户频繁地将各种数据上传至互联网,这些数据包括浏览记录、购买记录等,这些信息为数据技术的应用提供了丰富的资源。通过分析电子商务网站的日志和客户服务记录,卖家能够深入了解不同客户的需求,从而识别具有最大潜力的客户群体。这不仅提升了销售业绩,还为管理者提供了数据驱动的决策依据。

　　互联网的数据技术应用不仅限于电子商务领域，还广泛应用于互联网金融、信息检索和安全管理等方面。在互联网金融中，通过数据分析，可以实现精准的风险评估和个性化的金融服务，从而提高金融机构的运营效率和客户满意度。信息检索技术使用户能够快速、高效地获取所需信息，而安全管理则通过数据监测和分析，保障了网络环境的安全性和可靠性。

　　互联网的发展不断推动数据技术的创新与进步，这种相互促进的关系使得互联网在现代社会中扮演着不可或缺的角色。随着数据技术的不断发展和应用场景的扩展，互联网将继续为各个行业带来深远的影响，推动经济和社会的全面进步。互联网不仅是信息的汇聚地，更是现代社会数据技术应用的核心平台，展现了其在数字经济时代的独特价值和广阔前景。

（二）基于"数据"的基础课程类型

1. 数据挖掘课程

　　数据挖掘课程旨在全面讲授数据挖掘的基本概念、挖掘方法、常用工具及经典算法。课程内容涵盖广泛，包括数据挖掘工具的使用与比较、经典算法的理解与应用，目标是培养学生在数据挖掘领域的综合能力。

　　在工具使用方面，课程主要介绍和比较了如 Orange 和 RapidMiner 等常见的数据挖掘工具。学生通过这些工具的实际操作，能够掌握数据预处理、模型构建和结果分析的基本流程，进而理解各工具的优缺点及适用场景。此外，课程还注重经典数据挖掘算法的教学，如 K-means、EM 和 Adaboost 等。这些算法在聚类、分类和集成学习等方面有广泛应用，学生通过对这些算法的学习，可以掌握其基本原理、应用方法及优化策略。

　　课程不仅注重理论知识的传授，还强调实践能力的培养。通过实际案例和项目，学生能够将所学知识应用于实际问题的解决，培养其理解和改进算法的思维能力。课程鼓励学生在不同的应用场景中，根据具体需求选择合适的工具和方法，锻炼其独立思考和判断能力。这种实践导向的教学方法，使学生不仅能够掌握数据挖掘的基本技能，还能在实际工作中灵活应用所学知识。

2. 数据库技术课程

数据库技术课程旨在系统讲授数据库的基本概念、原理、技术及其广泛应用，目标在于培养学生对数据库系统的全面理解和实际操作能力。课程内容涵盖数据库系统的基本概念、数据模型、关系数据库及其标准语言SQL 等核心知识，帮助学生掌握数据组织与管理的基本方法，构建坚实的理论基础。

数据库技术课程还包括数据库恢复技术、并发控制、关系查询处理和查询优化等事务管理基础知识。这些内容对于保障数据库系统的稳定性和高效运行至关重要。学生通过学习数据库恢复技术，可以掌握在数据丢失或损坏情况下的恢复方法；并发控制知识则帮助他们理解和解决多用户访问数据库时可能出现的冲突问题，确保数据库系统在多用户环境下的正常运行；关系查询处理和查询优化部分则旨在提升学生处理复杂数据查询的能力和效率，使其能够高效地检索和处理大规模数据。

3. 数据科学和大数据分析课程

数据科学与大数据分析课程是基于数据技术的关键组成部分，旨在系统讲授数据科学的基本概念、数据分析技术以及相关工具的使用。课程内容涵盖广泛，包括数据科学的基本理论、数据分析的技术和方法，以及常用分析工具如 R 语言和 Hadoop 的实际应用。

在数据分析技术方面，课程详细介绍了分类、回归分析、聚类和关联规则等基本方法。这些方法在不同的数据分析任务中具有广泛应用，能够帮助学生理解和解决各种数据驱动的问题。此外，课程强调实际操作技能的培养，指导学生熟练使用 R 语言和 Hadoop 等工具进行数据处理和分析，从而提升他们的数据科学应用能力。

为了增强教学效果和实践性，课程建议结合具体应用领域进行讲解。

这些领域包括金融、电信、商务智能、生物制药和网络搜索等，通过在这些领域中选取具有代表性的案例或项目，学生可以更好地理解数据科学在实际场景中的应用价值和方法。具体教学中，根据学生的专业背景，可以重点讲解和实践一至两个案例或项目，使学生能够将理论知识应用于实际问题解决，提升其综合能力。

通过数据科学与大数据分析课程的学习，学生不仅能够掌握数据科学的基本概念和方法，还能熟练运用相关工具进行数据分析，具备在各个应用领域中进行数据驱动决策的能力。这将为他们在数据科学领域的发展打下坚实的基础，并为其未来职业生涯提供重要的支持和指导。

三、以"网络"为基础课程的教学资源设计

（一）基于"网络"的计算机应用领域

网络的广泛应用推动了计算机网络技术的不断进步，时间和空间不再成为信息传递的阻碍，为人们的信息交流提供了极大的便利，因此，计算机网络技术得到了社会各领域的青睐。基于"网络"的计算机应用领域主要包括以下三个方面：

1. 网络教育领域

在线课程改变了课堂教学呈现内容的方式。学生可以看到由多媒体网络呈现出的图文并茂的电子课件，师生可以通过网络教室、电子白板以及视频会议等不同的途径实现交流与互动，这能够让学生认知结构、信息传递结构、师生活动结构以及课堂时间结构等实现优化与完善，进而提高学生学习的积极性，使他们具备良好的信息素养。

在线课程对教育产生了深刻影响。学生可以通过互联网随时观看，聆听各个名师的课程。就算学校地处偏远，缺乏优秀的师资力量，但只要有网络，学生就可以享受到与其他地区毫无差别的教育资源，满足各种学习

需求。在线课程的广泛应用让时间与空间不再成为教学的阻碍，为学生的全面发展提供了很大助力。

2. 电子商务领域

电子商务是网络技术与传统资源相结合后形成的创新业务模式，它通过简化业务流程，提升了传统业务的竞争力。电子商务不仅在当前网络环境下尽量保持信息的对等，还为用户购物提供了极大的便利。然而，电子商务的发展需要依托一个安全、稳定的环境，这对其长期健康发展至关重要。

电子商务的安全性可以分为计算机网络安全和商务安全两大方面。计算机网络安全的核心在于保护计算机网络本身，所有安全方案都必须围绕计算机网络展开，以防范潜在的网络威胁和攻击。商务安全则以计算机网络安全为前提，专注于为电子商务活动提供全面的安全保障，确保电子交易的顺利进行。通过采用先进的加密技术、认证机制和防火墙系统，电子商务平台可以有效保护用户信息和交易数据的安全。此外，定期进行安全审计和风险评估，有助于及时发现并解决潜在的安全漏洞和威胁，进一步提升电子商务环境的安全性和可靠性。

电子商务领域通过结合网络技术和传统资源，推动了商业模式的创新和变革。在确保安全、稳定的网络环境下，电子商务不仅提高了业务效率，还为消费者提供了更加便捷的购物体验，展现了其广阔的发展前景和重要的经济价值。

3. 电子政务领域

电子政务指的是政府机构通过现代网络技术进行管理和服务，电子政务既能完善政府组织结构，优化工作流程，还能让行政机关不再受制于时间和空间，进而将规范、优质、透明、高效且便捷的服务提供给广大人民群众。电子政务网络由两部分构成，即政府内网和政府外网。政府内网通常用于政府内部，政府内部可以通过电子公文系统实现沟通与交流，提高办公效率；政府外网通常用于政府与社会企业之间。

政府可以将信息发布在互联网上让大众自行获取，也可以借助视频会议等处理相关事宜，实现进一步的沟通与交流；政府出台和落实的各项政策，公众都能够在互联网上开展监督。电子政务平台依托于云计算，除了可以为公共服务提供便利，还能够通过物联网将第一手资料第一时间呈现给行政部门，帮助政府做出最佳的决策。

（二）基于"网络"的基础课程类型

1. 网络安全技术课程

网络安全技术课程的设计旨在紧密结合当前网络安全技术的发展趋势，系统性地介绍网络安全的基本知识和相关理论，并注重理论与实践相结合的教学原则。课程内容通过详细的讲解和实际案例分析，使学生能够深入理解和掌握网络系统的安全设计与管理。课程涵盖广泛，首先介绍计算机网络安全的整体框架，帮助学生建立对网络安全全局的认知。网络协议基础部分则帮助学生理解网络通信的基本原理及其潜在的安全漏洞。

计算机病毒及其防治技术部分，课程详细探讨了各种潜在威胁的手段和策略，使学生能够预见并有效防范这些攻击。操作系统安全配置、防火墙技术以及入侵检测和入侵防御技术，从不同层面全面介绍了系统安全保护的各项技术措施。此外，课程还深入讲解了计算机病毒及其防治技术，加密技术和数字签名技术，这些内容对于保障数据的完整性和保密性至关重要。

PKI 技术及其应用，以及身份认证技术，进一步强化了系统的安全性和可信度。VPN 技术应用部分则专注于虚拟专用网络的构建和管理，为安全远程访问提供了解决方案。Web 安全和电子商务安全部分针对当前互联网环境中的常见安全问题，提供了实用的防护措施和技术。此外，系统安全风险评估的知识传授，使学生具备识别和评估潜在安全风险的能力。

计算机网络攻击应急响应部分则培养学生在面对突发安全事件时的应对和解决能力。最后，网络安全方案设计的内容，通过综合应用所学知识，指导学生制定全面有效的网络安全策略。这些课程内容的设置，不仅强化了学生的理论基础，也提升了他们解决实际问题的能力，为其未来在网络安全领域的发展奠定了坚实的基础。

2. 计算机网络技术课程

计算机网络技术课程旨在全面介绍计算机网络的基本概念和基本原理，同时展示计算机网络技术领域的最新进展和研究成果，以确保课程内容的前瞻性和实际应用价值。课程涵盖计算机网络的定义与功能，详细探讨网络的分类和拓扑结构，阐述数据通信的基础知识。课程还深入介绍网络体系结构和协议，特别是 OSI 参考模型的各个层次，以及以太网和交换式局域网的设计和实现原理。

此外，课程内容包括无线局域网的技术特点和应用场景，网络互联设备的分类和功能，广域网的构建及其应用，因特网的基本架构和运行机制，以及 TCP/IP 协议的详细解析。课程还关注网络操作系统的设计与管理，介绍常用的应用层协议和服务器搭建的基本方法，强调网络安全技术的必要性和重要性，探讨如何防范和应对各种网络安全威胁。网页编程技术作为现代网络应用的重要组成部分，也在课程中占有一席之地，通过具体的技术讲解，帮助学生掌握网页设计与开发的基本技能。

该课程通过理论与实践相结合的方式，使学生不仅掌握计算机网络技术的理论基础，还能够将所学知识应用于实际问题的解决，培养其综合运用技术的能力。

第三节　计算机基础教育课程体系的构建

长期以来，计算机基础教育课程体系的构建一直遵循 1+N 模式，即以

"大学计算机基础"或"大学计算机文化"作为必修课，成为大学计算机基础教育的第一门课程。在此基础上，从 N 门课程中再选择 1～2 门，构建形成大学计算机基础教育课程体系。"随着计算机技术的迅猛发展和中小学信息技术教育的逐步普及，高校计算机基础课程即将结束'零起点'的历史。改革计算机的第一门课程——大学计算机基础势在必行。"①

一、计算机基础教育课程体系的基本框架

计算机基础教育课程体系的基本框架在继承大学计算机基础教育经验的同时，融入了新一轮大学计算机基础教育改革的要素，依据大学计算机应用能力结构体系和基本功能进行构建。此课程体系框架为各高校自主构建大学计算机基础教育课程体系提供了基础和依据。该课程体系框架包括两个层面：学科专业课程领域层面和融入思维与行动能力提升的层面。学科专业课程领域层面涵盖三个层次：基础层、技术层和综合应用层。

第一，基础层分为第零层次和第一层次，第零层次的设置旨在确保大学新生能够在计算机基础知识和基本操作方面达到一定的标准，提升其基本应用能力。这一层次的课程设计主要集中在计算机基础知识的传授和基本操作技能的训练，帮助新生快速适应并掌握基本的计算机应用能力，为后续的课程学习打下坚实的基础。第一层次则是针对不同专业领域设计的分类指导的大学计算机课程，强调根据专业领域的不同需求，提供有针对性的计算机课程内容。这些课程不仅涵盖了计算机基础知识的进一步拓展，还结合各专业领域的特点，设计了相关的应用课程，确保学生能够在其专业领域中有效应用计算机技术。

第二，技术层包括计算技术、数据技术、网络技术和设计技术。这一层次的课程旨在通过深入讲解和实际操作，使学生掌握计算机技术的核心知识和应用方法。计算技术领域的课程注重计算机系统的基本原理和编程

---

① 景红，苏斌. 大学计算机基础课程教材建设的实践研究［J］. 教育与职业，2006（12）：68-69.

技术的培训，数据技术领域的课程则强调数据管理、数据分析和数据库技术的应用，网络技术领域的课程涵盖网络基础、网络架构和网络安全，设计技术领域的课程则侧重于计算机辅助设计和多媒体技术的应用。每个技术领域中均设计了若干门相关技术及其应用的课程，通过系统的学习，使学生能够在非计算机专业的应用中灵活运用计算机技术。

第三，综合应用层则更加侧重于计算机技术的综合应用，开设面向不同学科专业门类的综合技术应用课程。这些课程的设置旨在培养学生综合运用所学计算机技术解决实际问题的能力。综合应用层的课程设计强调通用方法论的应用，而不涉及具体专业的计算机应用。这意味着课程内容更注重计算机技术在不同领域中的跨学科应用，培养学生的创新思维和实际操作能力，使其能够灵活应对各种复杂的应用场景。这一层次的课程通过综合应用案例的分析和实践操作，帮助学生将计算机技术与其专业领域的知识有机结合，提升其综合应用能力和解决实际问题的能力。

二、计算机基础教育课程体系的构建原则

计算机基础教育课程体系的构建原则在于确保课程内容的科学性、系统性和适应性，以满足学生不同层次和专业领域的需求。

（一）科学性

科学性是构建计算机基础教育课程体系的首要原则，确保课程内容建立在严谨的科学理论和技术基础之上。课程内容应全面涵盖计算机科学的基本知识和核心技术，体现学科发展的最新进展和前沿趋势。课程设计必须遵循科学的教育规律，系统化地将理论教学和实践操作相结合，合理安排两者的比例，确保学生不仅能够扎实掌握基础理论知识，还能够通过实践操作提升其实际应用能力。

第一，在课程内容的选择上，科学性要求涵盖广泛而深入的计算机科

学基础知识，包括但不限于计算机硬件、操作系统、程序设计、数据结构和算法、数据库原理、计算机网络等核心技术领域。课程内容应与时俱进，及时引入新兴技术和最新研究成果，使学生了解学科的前沿动态，激发其学习兴趣和探索精神。同时，课程内容的设计应注重逻辑性和系统性，确保知识点的连贯性和体系化，使学生能够逐步深入，全面掌握计算机科学的各个方面。

第二，在教学方法的选择上，科学性要求教师运用科学的教学理论和方法，优化教学流程和教学手段。理论教学应注重知识的系统传授，讲解清晰，逻辑严密，引导学生构建科学的知识体系。实践教学则应强调动手操作和实际应用，通过实验、项目实践等多种形式，增强学生的操作能力和解决实际问题的能力。理论与实践的有机结合，有助于学生在实践中巩固所学知识，加深理解，提升应用能力。

科学性的贯彻落实，还要求课程体系具备灵活性和适应性。随着科技的发展和社会需求的变化，计算机科学的知识体系和技术应用也在不断更新。课程体系应具有动态调整的机制，及时根据最新的科学研究成果和技术发展趋势，更新课程内容和教学方法，确保课程的前沿性和实用性。通过不断优化和改进，课程体系能够始终保持其科学性，培养出具备扎实理论基础和强大实践能力的计算机专业人才。

（二）系统性

课程体系构建的系统性强调课程内容的全面性和连贯性。计算机基础教育课程体系应当覆盖从基础知识到高级技术再到综合应用的各个层次，形成一个完整的教育体系，以确保学生在学习过程中获得系统的、全面的知识和技能。基础课程主要集中于计算机的基本概念和操作技能，通过这一层次的课程，学生能够掌握必要的基础知识和基本操作能力，为后续课程的学习打下坚实的基础。

高级课程在基础课程的基础上，深入讲解计算机技术的各个领域，包括计算技术、数据技术、网络技术和设计技术。通过这些课程，学生可以掌握更为复杂的技术和应用方法，提高其专业水平和技术能力。这些课程内容的设计应当紧密结合学科发展前沿，反映最新的研究成果和技术进展，使学生能够跟上科技发展的步伐，具备应对未来技术挑战的能力。

课程体系的系统性不仅体现在课程内容的全面覆盖上，还体现在课程内容的科学安排和合理衔接上。每一个层次的课程内容都应当具有清晰的逻辑结构，前后呼应，相互补充，使学生能够在循序渐进的学习过程中逐步提升自己的知识水平和技术能力。此外，课程内容的设计还应当考虑到学生的不同需求和学习特点，提供多样化的学习路径和选修课程，以满足不同学生的学习兴趣和发展需求。

通过系统性原则的贯彻，计算机基础教育课程体系不仅能够为学生提供系统的、全面的知识和技能培训，还能够培养其综合应用能力和创新能力，为其未来的发展奠定坚实的基础。这一原则的实施，有助于提高教育质量，提升学生的专业素养和综合素质，使其能够在激烈的社会竞争中脱颖而出，成为具备扎实专业知识和综合应用能力的高素质人才。

（三）适应性

适应性强调课程内容和教学方法必须能够适应学生的多样化需求以及快速变化的科技发展。课程设计应充分考虑学生的不同专业背景和学习需求，提供有针对性的课程内容和学习资源，以便最大限度地激发学生的学习兴趣和潜力。在设计课程时，应综合考虑学生的基础知识水平和专业发展方向，制定个性化的教学方案，使每个学生都能在其学习过程中得到充分的发展和提升。

适应性原则强调课程体系具有动态调整的机制，以应对科技发展和社会需求的不断变化。计算机技术日新月异，课程内容必须与时俱进，及时引入最新的技术成果和应用案例，保持课程的前沿性和实用性。为此，教育机构应建立完善的课程更新机制，定期评估和调整课程内容，确保学生所学知识能够跟上时代的发展步伐。与此同时，教师应不断提升自身的专业素养和教学能力，积极参与学术交流和专业培训，保持对学科前沿动态的敏感性和把握能力。

适应性原则强调教育资源的多样化和开放性。课程体系应提供丰富的学习资源，包括教材、参考书、在线学习平台等，使学生能够根据自身需求自主选择和利用各种学习资源。通过开放的学习环境和丰富的资源支持，学生能够在自主学习中不断探索和进步，培养其创新思维和独立解决问题的能力。

适应性原则在课程体系中的贯彻落实，有助于培养学生的适应能力和创新能力，使其在面对不断变化的科技环境和复杂的社会需求时，能够从容应对、游刃有余。这一原则的实施，不仅提升了教育质量，还为学生的全面发展和终身学习奠定了坚实的基础，使其能够在未来的职业生涯中持续进步，取得更大的成就。

三、计算机基础教育课程体系的创新方法

计算机基础教育课程体系的创新方法应着眼于适应快速变化的技术环境和满足学生多样化的学习需求。计算机基础教育课程体系的创新方法包括课程内容的创新以及教学方法的创新。

（一）课程内容创新

1. 引入最新的计算机科学知识

引入最新的计算机科学知识对于计算机基础教育课程体系的创新具有重要意义。当前，计算机科学的飞速发展促使教育领域不断更新课程内容，以满足学生日益增长的知识需求。特别是前沿技术的快速迭代和应用，使得传统的课程体系难以适应时代发展的步伐。为了培养适应未来社会需求的高素质人才，教育机构必须在课程设置中引入最新的计算机科学知识。

最新的计算机科学知识的引入如人工智能、大数据和云计算，不仅能够丰富课程内容，还能拓宽学生的视野，提升其创新能力和实践能力。人工智能技术的发展为学生提供了理解智能算法和机器学习原理的机会，使他们能够在未来的工作中更好地应用这些技术。大数据技术的应用则使学生能够掌握数据分析和处理的基本方法，理解数据驱动决策的重要性，从而在各行各业中发挥重要作用。云计算的普及为学生提供了解分布式计算和网络资源管理的基础，促进了他们对现代计算机系统的全面认识。

2. 增加实用性内容

实践性教学方法的引入不仅能够增强学生的动手能力，还能提升其对理论知识的理解和应用水平。通过实用性和实践性的课程设计，学生可以在真实的项目环境中应用所学的理论知识，从而更好地掌握技术要点和解决实际问题的能力。

实用性课程的设置应注重培养学生的综合技能，包括编程能力、系统设计能力和项目管理能力等。这些技能不仅在学术研究中具有重要意义，更是学生未来职业发展中不可或缺的核心竞争力。在课程内容设计中，结合实际项目和案例分析，可以使学生更直观地理解和掌握复杂的理论知识，提升其学习兴趣和积极性。同时，实践性教学方法有助于培养学生的团队合作精神和创新能力，促进其全面发展。

通过实训课程，学生可以接触到最新的技术工具和开发环境，了解行业发展的最新动态和趋势，从而更好地应对未来的技术挑战。在实践过程中，学生不仅能够提高其技术水平，还能积累宝贵的实践经验，为未来的职业发展奠定坚实的基础。

3. 跨学科课程设计

在现代教育背景下，单一学科的知识已难以满足学生未来发展的需求，而跨学科的课程设计则为学生提供了一个全面而系统的学习框架。数据科学、网络安全和数字媒体等跨学科知识的引入，使得计算机基础教育不仅限于传统的编程和计算机理论，更涉及数据分析、安全防护和数字内容创作等多个领域。通过跨学科课程，学生能够理解不同领域之间的相互联系，掌握多学科交叉点上的核心技术，从而形成一种全面的知识体系。

（1）数据科学是一门跨学科的应用科学，涉及统计学、计算机科学和信息科学等多个领域。将数据科学融入计算机基础教育，可以培养学生的数据分析能力和数据驱动决策的意识，使其在面对大量数据时，能够高效地进行数据处理和分析，挖掘数据背后的价值。

（2）网络安全课程的设置，则能够增强学生的安全意识和防护能力，使其在未来的工作中，能够有效地应对各种网络安全威胁，保障信息系统的安全和稳定。

（3）数字媒体与计算机科学的结合，为学生提供了一个创作和传播数字内容的平台。在数字媒体课程中，学生不仅可以学习到数字图像处理、动画制作和多媒体编程等技术，还能了解数字内容的设计理念和传播方式。通过跨学科的学习，学生能够掌握更多样化的技术手段，提高其综合应用能力。

跨学科知识的结合，使得计算机基础教育不再是单一的技术教育，而是一个涵盖多个领域、注重综合素质培养的教育体系。通过跨学科课程设计，教育机构能够为学生提供更加丰富和多样化的学习资源，培养其跨领域的综合能力，推动计算机基础教育向更加全面和深入的方向发展。

（二）教学方法的创新

1. 翻转课堂

翻转课堂是一种创新的教学方法，正在逐渐改变传统的教育模式。其核心理念是将知识传授和知识内化的过程进行翻转，即将课堂上的知识传授环节前置到课前，通过预先录制的视频和在线学习资源让学生自主学习，而课堂时间则主要用于知识的深化和应用。这种教学方法不仅提高了课堂教学的效率，还极大地激发了学生的学习积极性和自主性。

在翻转课堂的教学模式中，学生成为了学习的主体。通过课前的自主学习，学生可以按照自己的节奏进行知识的吸收和理解，对于不理解的内容可以反复观看教学视频，从而加深理解。课堂上，教师则更多地扮演着引导者和辅导者的角色，通过答疑解惑、小组讨论和实践活动等方式，帮助学生加深对知识的理解和应用。这种教学模式不仅提高了学生的自主学习能力，还培养了他们的批判性思维和问题解决能力。

翻转课堂的实施还需要配套的教学资源和技术支持。高质量的教学视频和在线学习平台是翻转课堂成功的关键。通过这些资源，学生可以随时随地进行学习，教师也可以通过在线平台了解学生的学习进度和学习效果，及时调整教学策略。同时，翻转课堂还需要教师具备较高的教学设计能力和信息技术应用能力，以确保教学资源的质量和教学活动的有效性。

翻转课堂的教学模式有助于形成积极的课堂氛围。在这种教学模式下，学生不再是被动的知识接受者，而是积极的知识构建者。通过课堂上的互动和合作学习，学生可以互相交流学习心得，共同解决学习中的疑难问题，这不仅提高了学习效果，还增强了学生的团队合作精神和沟通能力。

2. 项目式学习（PBL）

项目式学习（PBL）是一种革新的教学方法，逐渐在教育领域中展现出其独特的优势和巨大潜力。PBL通过让学生参与实际项目的设计和实施，将理论知识与实际应用紧密结合，旨在培养学生的综合能力和创新精神。这种教学方法不仅促进了学生的深度学习，还增强了他们在真实情境中解决问题的能力。

在PBL的教学过程中，学生通过参与具体项目来进行学习，项目的选题通常来源于现实生活中的实际问题。这种学习方式使学生在项目的实施过程中，能够将课堂上所学的理论知识应用于实践，增强了知识的理解和记忆。同时，学生在项目实施过程中需要进行大量的自主探索和团队合作，从而培养其自主学习能力和团队协作精神。

PBL 的实施需要精心的教学设计和有效的指导。教师在 PBL 中扮演着引导者和支持者的角色，通过设定项目目标、提供必要的资源和支持，帮助学生在项目实施过程中克服困难，完成任务。教师还需要在项目的不同阶段对学生进行阶段性评价和反馈，确保项目的顺利进行和学生的学习效果。

PBL 不仅关注知识的传授，更注重学生能力的培养。在项目实施过程中，学生需要进行问题的发现与分析、方案的设计与实施、结果的评价与反思，这些过程有助于培养学生的批判性思维、创新能力和实践能力。通过 PBL，学生不仅学会了如何学习，还学会了如何应用所学知识解决实际问题，这对于其未来的发展具有重要意义。

3. 混合式教学模式

混合式教学模式是一种融合线上与线下教学优势的创新教育方法，正在重新定义现代教育的边界。这种教学模式将传统课堂教学与在线学习相结合，旨在最大化学习效果，满足学生多样化的学习需求。通过混合式教学模式，学生不仅能够享受到面对面互动的教学体验，还可以利用线上资源进行自主学习，从而实现个性化的学习目标。

在混合式教学模式中，线上教学提供了丰富的学习资源和灵活的学习方式。学生可以通过在线平台访问视频课程、电子教材和互动练习，根据自己的学习进度和兴趣选择学习内容。这种自主学习的方式增强了学生的学习主动性和自我管理能力，使其能够在碎片化的时间中高效学习。同时，线上教学还提供了即时反馈和互动交流的功能，使学生能够及时解决学习中的疑问，增强学习效果。

线下教学则注重师生之间的互动和课堂讨论。通过面对面的交流，教师能够及时了解学生的学习情况，进行针对性的指导和帮助。线下课堂还可以开展小组讨论、案例分析和实践操作等活动，培养学生的团队合作精神和实际操作能力。在混合式教学模式中，线下教学和线上教学相辅相成，形成了一个完整的教学体系。

混合式教学模式的实施需要强大的技术支持和完善的教学设计。在线学习平台的建设和数字化教学资源的开发是混合式教学模式成功的关键。教师需要具备信息技术应用能力，能够熟练运用在线教学工具和平台，设计出符合学生需求的混合式教学方案。同时，教学评价体系也需要进行相应的调整，采用多元化的评价方式，全面考查学生的学习效果和综合能力。

第四章　计算机基础多元化教学

在当今信息技术飞速发展的时代，计算机基础教学已成为教育体系中不可或缺的一部分。本章将深入探讨多元化教学在计算机基础教学中的应用，旨在通过对多元化教学的内涵进行阐释，并探讨其理论基础，以及分析其在计算机教学中的适用性，以期构建一个更加开放、高效的教学模式，促进学生全面发展。

第一节　多元化教学的内涵阐释

一、多元化教学的主要特征

"高等学校计算机专业人才的培养必须要注重学生技能的培养，计算机实践教学是提高学生技能的重要手段。将多元化的教学方式融入计算机实践教学中，通过模拟企业环境，多元化教学内容的设计及改革考核方式等途径建立多元化的实践教学方法，进而提高对学生技能的培养。"[1]

计算机基础教学中的多元化教学指的是在计算机教育中运用多种教学

---

[1] 王娜. 多元化的教学方式在计算机实践教学中的应用研究[J]. 佳木斯大学社会科学学报，2012，30（1）：173.

方法、手段和资源，旨在提高教学效果和学生学习体验。它不仅涵盖了传统课堂教学与现代信息技术的有机结合，还包括多种教学模式和策略的综合应用，以满足不同学生的学习需求和风格。通过采用多元化的教学方式，如线上线下混合教学、项目驱动学习、翻转课堂和自主学习等，计算机多元化教学能够有效激发学生的学习兴趣，增强其学习的主动性和参与感。

多元化教学旨在通过多样化的教学策略和资源，满足不同学生的个性化学习需求，促进其全面发展。这一概念强调教学过程的多样性和灵活性，以学生为中心，根据学生的兴趣、能力和学习风格，提供个性化的教学体验。多元化教学不仅关注知识传授，还注重学生能力的培养和综合素质的提升。

多元化教学强调教学内容的多样性和丰富性。教师在设计教学内容时，应考虑学生的不同背景和兴趣，通过多样化的课程和活动，激发学生的学习兴趣。多元化教学还注重跨学科的整合，通过将不同学科的知识和技能融合在一起，培养学生的综合应用能力和创新思维。

多元化教学强调形成性评价与终结性评价相结合，通过过程评价、项目展示、案例分析等多种形式，全面了解学生的学习状况和进步情况。多元化教学的实施需要教师具备较高的专业素养和教学创新能力。教师在教学过程中，需要不断学习和应用新的教育理论和技术手段，设计和开发适应学生个性化需求的教学资源和活动。此外，教育机构也需要提供相应的支持和资源，推动多元化教学的有效实施和推广。

多元化教学与传统教学方法在教育理念、教学手段和评价方式等方面存在显著差异。

第一，在教育理念上，在传统教学方法主要以教师为中心，强调知识的传授和学生的被动接受。这种方法通常采用讲授式教学，教师通过系统的讲解向学生传递知识，学生主要通过听讲和记笔记进行学习。评价方式则多以考试成绩为主，注重知识的记忆和再现。这种单一的教学方式在一定程度上限制了学生的主动性和创造力。多元化教学则以学生为中心，注重学生的个体差异和多样化需求，强调通过多种教学策略和资源促进学生的全面发展。在多元化教学中，教师的角色由知识的传授者转变为学习的引导者和促进者。教学方法更加多样化，包括合作学习、探究学习和项目学习等。这些方法通过实际操作和互动活动，激发学生的学习兴趣和主动性，使其能够在真实情境中应用所学知识，提升解决问题的能力和创新思维。

第二，在教学手段上，多元化教学注重学习资源的多样性和灵活性。传统教学主要依赖于教科书和课堂讲解，而多元化教学则充分利用现代信息技术，提供丰富的数字化学习资源，如在线课程、虚拟实验和互动练习。这些资源不仅扩展了学习的时间和空间，还支持学生根据自身兴趣和需求进行个性化学习，增强了学习的自主性和灵活性。

第三，在评价方式上，传统教学主要通过标准化考试评价学生的学习效果，侧重于知识的记忆和再现。而多元化教学则采用多样化的评价方式，包括形成性评价和终结性评价相结合，通过项目展示、案例分析、过程性评价等多种形式，全面了解学生的学习过程和进步情况。这种评价方式不仅能够准确反映学生的学习成果，还能帮助学生发现自身的优点和不足，进行有针对性地改进和提升。

二、多元化教学的核心理念

"计算机教学中，重点是让学生掌握计算机理论知识与基础实操技能，形成信息素养，能够运用计算机搜集资料和解决问题等。为打造高效的计算机课堂，教师要基于新课改的教育理念，有效应用多元化教学策略，在创设课堂教学方法、构建翻转课堂模式、创设课堂学习任务、灵活调整教学内容中，激活学生的思维，引导学生更好地掌握计算机理论知识和操作技能，培养学生信息素养，使学生形成自主学习能力、合作探究精神，发展学生学科核心素养。"①

（一）以学生为中心的教学模式

以学生为中心的教学模式是一种教育理念，强调学生在学习过程中的主动性和参与度。该模式将学生置于教育活动的核心位置，认为学生是学习的主体，教师的职责在于引导和支持，而非简单的知识传递。通过这一教学模式，学生不仅被动接受知识，更在实际操作、探索和互动中主动构建知识体系。

第一，以学生为中心的教学模式注重个体差异，强调根据每个学生的兴趣、能力和学习风格，提供个性化的教学内容和方法。教师需要了解每个学生的特点，设计多样化的教学活动，激发学生的学习动机和兴趣。在以学生为中心的教学模式中，教学方法不仅限于传统的讲授式，还包括讨论、探究、合作学习和项目式学习等。这些方法通过实际操作和互动，帮助学生在真实情境中应用知识，提高其问题解决能力和创新思维。

第二，以学生为中心的教学模式强调学习过程的自主性和自主学习能力的培养。学生在学习过程中，需要自主选择学习内容和学习方式，进行独立思考和自主探究。这种自主学习不仅提升了学生的学习效果，还培养了其终身学习的能力。教师在这一过程中，需扮演引导者和支持者的角色，提供必要的指导和帮助，确保学生在自主学习中获得成功。

第三，以学生为中心的教学模式强调学习资源的多样性和灵活性。现代信息技术的发展为这一模式提供了丰富的支持，数字化教材、在线课程、互动学习工具等多样化资源，使学生能够在不同的时间和地点进行个性化学习，增强了学习的自主性和灵活性。教师在选择和使用这些资源时，需考虑其适用性和有效性，以确保教学目标的达成。

---

① 董东顺. 在中学计算机教学中有效应用多元化教学的策略［J］. 新课程，2022（34）：134.

（二）提供多样化的学习资源和活动

提供多样化的学习资源和活动目的是满足学生的不同需求和兴趣，提升学习效果和学生的全面发展。这一理念强调通过丰富多样的教学材料和实践活动，为学生创造一个多维度的学习环境，使其在自主选择和积极参与中获得深度学习体验。

第一，现代信息技术的发展为多样化学习资源的提供奠定了坚实基础。数字化教材、在线课程、虚拟实验室和互动学习工具等丰富的数字资源，使学生能够在任何时间和地点进行学习，极大地增强了学习的灵活性和自主性。这些资源不仅涵盖了不同学科领域的知识，还提供了多种学习形式，如视频、音频、互动练习和在线测评等，满足了不同学习风格和需求的学生。

第二，多样化的学习活动在教学过程中替代了传统教学。传统的单一讲授方式逐渐被多样化的教学活动所替代，包括合作学习、探究学习和项目学习等。这些活动通过小组讨论、问题解决、实验操作和项目开发等多种形式，使学生能够在真实情境中应用所学知识，培养其实践能力、团队合作精神和创新思维。例如，合作学习通过小组合作，促进学生之间的知识分享和互助学习；探究学习通过引导学生提出问题、设计实验和分析结果，培养其批判性思维和自主探究能力；项目学习则通过综合应用多学科知识，完成实际项目，提升其综合应用能力和创新能力。

第三，多样化的学习资源和活动包括文化和社会资源的利用，如参观博物馆、参与社会实践、邀请专家讲座等。这些资源和活动为学生提供了丰富的学习体验和视野，帮助其将课堂知识与实际生活相结合，增强其社会责任感和实践能力。通过与实际生活的紧密联系，学生能够更好地理解和应用所学知识，提升其学习的现实感和意义感。

第二节　多元化教学的理论基础

一、多元智能理论

多元智能理论为教育方法的多样化和个性化提供了坚实的理论基础。多元智能理论提出，人类的智能是多元化的，包括语言智能、逻辑数学智能、空间智能、身体运动智能、音乐智能、人际交往智能、内省智能和自然观察智能等多个维度。这一理论为计算机教学提供了新的视角，促进了教学方法的创新和学生全面发展的实现。

（一）不同智能领域的优势

多元智能理论的提出，为理解和开发人类潜能提供了新的视角，不同智能领域的优势各具特色，对个人发展和社会进步都有重要意义。在教育实践中，重视和发挥这些智能领域的优势，不仅能够促进个体全面发展，还能推动教育理念和方法的革新。

第一，语言智能是个体表达和理解能力的核心。语言智能强的人在口头和书面表达方面具有显著优势，能够通过准确的语言传递信息、表达思想和情感。在教育中，培养和发挥语言智能不仅有助于学生在学术写作和交流中取得优异成绩，还能增强其沟通能力和社会适应能力。

第二，逻辑数学智能体现了个体在逻辑推理、数学计算和问题解决方面的能力。这一智能领域的优势者通常具备敏锐的分析思维和抽象思维能力，能够有效地处理复杂的信息和数据。在科学、技术、工程和数学（STEM）领域，逻辑数学智能的优势显得尤为重要，能够推动技术创新和科学进步。

第三，空间智能表现为个体在视觉空间判断和操作方面的能力。空间智能强的人在艺术设计、建筑和导航等领域具有明显的优势，能够通过空间感知和想象力创造出富有创意和实用性的作品。在教育中，重视和培养空间智能有助于提升学生的艺术素养和创造力，激发其在视觉艺术和设计领域的发展潜力。

第四，身体运动智能指的是个体在身体控制、协调和运动方面的能力。身体运动智能强的人在体育运动、舞蹈和手工操作等活动中表现出色，能够通过身体的灵活性和精确性完成各种复杂的动作。在教育中，注重身体运动智能的培养不仅有助于学生的身体健康和运动技能的发展，还能增强其自律性和团队合作精神。

第五，音乐智能涉及个体在音乐感知、表现和创作方面的能力。音乐智能强的人在音高、节奏和音色的辨别和记忆方面具有显著优势，能够通过音乐表达情感和思想。在教育中，音乐智能的培养不仅能提升学生的音乐素养和艺术审美，还能促进其情感发展和文化传承。

第六，人际交往智能体现了个体在理解、感知和调节人际关系方面的能力。人际交往智能强的人通常具有较高的情商，善于与他人沟通和合作，能够在团队中发挥重要作用。在教育中，重视人际交往智能的培养有助于学生社会技能的发展，增强其适应社会和处理复杂人际关系的能力。

第七，内省智能则关注个体自我认识和内省的能力。内省智能强的人能够深刻地理解自己的情感、动机和行为，从而实现自我调节和自我发展。在教育中，培养内省智能有助于学生的心理健康和人格完善，促进其自我反思和自主学习能力。

第八，自然观察智能指的是个体在识别和理解自然界的动植物和环境现象方面的能力。这一智能领域的优势者在生态学、农业和环境科学等领域具有独特的优势，能够通过细致的观察和分析促进对自然界的理解和保护。在教育中，培养自然观察智能有助于学生的环境意识和生态责任感，推动可持续发展教育。

通过多元智能理论的应用，教育能够更加全面和科学地认识和开发学生的潜能。不同智能领域的优势各具特色，相互补充，共同促进个体的全面发展和社会的进步。教育者应当重视和发挥这些智能领域的优势，制定科学合理的教学策略和评价体系，推动教育质量的提升和教育目标的实现。

（二）差异化教学设计

差异化教学设计的核心在于根据学生个体间的差异，提供有针对性的教学内容和方法，最大限度地满足每个学生的学习需求和发展潜力。差异化教学设计不仅强调教学内容的多样性和灵活性，还注重教学方法和评估手段的个性化和多元化。

第一，差异化教学设计注重根据学生的学习特点和能力水平，进行分层次的教学内容设计。教师在教学过程中，通过对学生进行前期诊断评估，了解其知识基础、学习兴趣和认知风格，从而制定不同难度和深度的学习任务和目标。这样的设计不仅能够确保基础较弱的学生能够掌握基本知识和技能，还能够为能力较强的学生提供挑战性任务，促进其深度学习和全面发展。

第二，差异化教学设计强调教学方法的灵活运用。教师在教学中应根据学生的个体差异，选择适宜的教学策略和手段。例如，对于语言表达能力较强的学生，可以通过讨论和辩论等互动性强的活动，激发其思维和表达能力；对于逻辑思维能力较强的学生，可以通过问题导向的探究活动，培养其分析和解决问题的能力。通过多样化的教学方法，能够有效地激发学生的学习动机和兴趣，提升教学效果。

第三，差异化教学设计注重培养学生的自主学习能力。在差异化教学环境中，教师不仅是知识的传授者，更是学生学习的引导者和支持者。教师通过设计自主学习任务和项目，鼓励学生根据自身兴趣和需求，选择适合自己的学习路径和资源。这样的设计不仅能够提高学生的学习自主性和责任感，还能够培养其批判性思维和创新能力，为其终身学习奠定坚实基础。

二、个性化学习理论

个性化学习理论强调以学生为中心，注重学生的个体差异，旨在通过提供定制化的学习路径和资源，满足每个学生独特的学习需求和发展潜力。这一理论在计算机教学中的实施，不仅提升了教学效率和效果，还推动了学生自主学习能力和创新能力的培养。

（一）兴趣、能力和学习风格

兴趣是驱动学生学习的内在动力，是他们在面对学习任务时表现出积极性和主动性的关键。高兴趣水平能够激发学生的探索欲望，使其在学习过程中表现出更高的专注度和持久性，从而提高学习效果和效率。

能力是学生在学习过程中运用知识和技能解决问题的基础。计算机教学中的能力不仅包括学生对编程语言和算法的掌握，还涉及逻辑思维、问题解决能力和创新能力等。针对不同能力水平的学生，教师应制定不同的教学目标和内容，以确保每个学生都能在适合自己的难度水平上进行学习，逐步提升其计算机能力。

学习风格是指学生在学习过程中表现出的独特方式和偏好，包括视觉、听觉、动觉等不同感官渠道的偏好，以及独立学习、合作学习等不同学习方式的倾向。了解学生的学习风格，有助于教师在教学设计中选择合适的教学方法和工具。例如，视觉型学习者可能更喜欢图表和视频资源，而听觉型学习者则可能更倾向于通过讲解和讨论进行学习。动觉型学习者则可能更需要通过实践操作和实验来理解和掌握知识。

在计算机教学中，将兴趣、能力和学习风格有机结合，可以实现更有效的个性化教学。教师在了解学生兴趣点的基础上，可以设计有趣且具有挑战性的学习任务，激发学生的学习动力。在此过程中，根据学生的能力水平，提供分层次的学习内容和任务，确保每个学生都能在其"最近发展区"内学习和进步。同时，教师应根据学生的学习风格，灵活运用多样化的教学方法和资源，以满足不同学生的学习需求，提高教学效果。

通过关注学生的兴趣、能力和学习风格，计算机教学可以实现真正的因材施教，促进每个学生的全面发展。教师在教学实践中，需要不断探索和应用新的教学策略和技术手段，以便更好地支持和引导学生的学习过程，提升其学习体验和成就感。在教育改革和信息技术快速发展的背景下，注重学生个体差异，实施个性化教学，将为培养创新型和综合素质人才提供坚实的基础。

（二）个性化学习路径和资源

个性化学习路径和资源在计算机教学领域的应用极大地提升了教学效果和学生的学习体验。个性化学习路径指的是根据学生的兴趣、能力和学习风格，为其量身定制的学习计划和进程。这种学习路径不仅尊重学生的个体差异，还能充分发挥其潜力，使学习过程更加高效和有针对性。

在个性化学习路径的设计过程中，需要进行详细的学情分析。通过数据分析和学生评估，教师可以全面了解每个学生的知识基础、学习需求和发展潜力。基于这些信息，制定个性化的学习目标和计划，确保每个学生都能在适合自己的节奏和方式下进行学习。这种以学生为中心的教学模式，不仅提高了学习的针对性和有效性，还能激发学生的学习兴趣和主动性。

个性化学习资源是指针对学生个体需求提供的多样化、灵活性的学习材料和工具。这些资源包括电子教材、互动课件、在线练习平台、虚拟实验室等，能够根据学生的不同学习风格和能力水平，提供多种形式的学习支持。例如，视觉型学习者可以通过视频和图表进行学习，动觉型学习者则可以通过实践操作和模拟实验来掌握知识。个性化学习资源的丰富性和多样性，能够极大地满足学生的个体需求，提升其学习效果和体验。

在计算机教学中，个性化学习路径和资源的应用需要借助现代信息技术的支持。通过智能学习平台和大数据分析技术，教师可以实时监控和评估学生的学习进展，根据学生的反馈和表现，动态调整学习路径和资源配置。这种智能化、动态化的教学管理，不仅能够提高教学的灵活性和适应性，还能帮助教师及时发现和解决学生在学习过程中遇到的问题，提供精准的指导和帮助。

个性化学习路径和资源的设计和实施，需要注重学生的自主学习能力和创新能力的培养。在个性化学习环境中，学生不仅是知识的接受者，更是学习过程的主动参与者。通过自主选择学习内容和任务，学生可以根据自己的兴趣和需求，自主安排学习时间和进度，培养独立思考和解决问题的能力。同时，教师在这一过程中，应扮演引导者和支持者的角色，提供必要的指导和资源，激发学生的创造力和创新意识。

个性化学习路径和资源在计算机教学中的应用，不仅能够实现因材施教，满足每个学生的个体需求，还能推动教学模式的创新和发展。通过不断探索和应用新的教育技术和教学策略，教师可以为学生提供更加优质和高效的学习支持，促进其全面发展和综合素质的提升。在教育改革和信息技术快速发展的背景下，个性化学习路径和资源的应用，将为培养创新型和综合素质人才提供强有力的保障和支持。

第三节 多元化教学在计算机基础教学中的适用性

一、教学资源的整合与优化

整合与优化教学资源，不仅能够提高教育质量，还能最大限度地满足学生多样化的学习需求。在计算机基础教学中，整合与优化教学资源需要注重资源的多样性和实用性，以实现教学内容的丰富化和教学方法的多样化。

第一，教学资源的整合需要将传统教学资源与现代信息技术相结合。传统的教材、讲义和课堂讲授应与多媒体课件、在线课程和虚拟实验室等现代化资源相融合。通过这种方式，能够为学生提供多种学习途径，使其能够从不同的角度理解和掌握计算机基础知识。此外，整合后的资源应具备良好的互动性和可操作性，以提高学生的学习兴趣和参与度。

第二，优化教学资源需要注重资源的科学性和前沿性。计算机技术发展迅速，教学资源的内容应及时更新，以反映最新的技术进展和应用案例。这不仅能够增强课程的实用性和前瞻性，还能培养学生的创新意识和实践能力。在优化资源的过程中，教师应充分发挥自身的专业知识和教学经验，甄选优质资源，确保教学内容的准确性和权威性。

第三，教学资源的整合与优化应考虑到个性化学习的需求。不同学生的知识基础和学习能力各不相同，整合与优化后的教学资源应具有灵活性，能够根据学生的实际情况进行调整。通过提供多层次、多模块的教学内容和辅助材料，可以满足学生的个性化学习需求，促进其自主学习和个性发展。

第四，教学资源的整合与优化离不开教师的积极参与和协作。教师不仅是教学资源的使用者，更是资源的开发者和优化者。通过加强教师之间的交流与合作，可以共享教学经验和资源，推动资源的共同建设和优化。同时，学校和教育机构应为教师提供必要的支持和培训，提升其资源整合与优化能力，促进教学资源的可持续发展。

教学资源的整合与优化是提升计算机基础教学质量的重要途径。通过整合多样化的教学资源、优化内容和形式，满足学生个性化学习需求，并结合现代信息技术手段，可以构建一个高效、灵活和开放的教学环境，促进学生全面发展。

二、教师角色的转变

随着多元化教学模式的推广，教师不再只是知识的传授者，而是学习过程的引导者、资源的整合者和学生成长的促进者。教师角色的转变需要适应新时代的教育需求，通过不断提升自身的专业素养和教学能力，推动教育的改革与创新。

第一，教师作为学习过程的引导者，必须具备较强的教育理念和教学策略意识。在多元化教学环境中，教师应以学生为中心，注重激发学生的学习兴趣和主动性。通过设计多样化的教学活动和学习任务，教师可以引导学生自主探究、合作学习和深度思考。教师的角色从单纯的知识传递者转变为学习的促进者和指导者，帮助学生在学习过程中建立知识体系和解决问题的能力。

第二，教师在多元化教学中需要具备较强的资源整合能力。面对丰富多样的教学资源，教师应能够有效地选择、整合和利用这些资源，以满足不同学生的学习需求。教师不仅要掌握传统的教学资源，还需熟悉现代信息技术和数字资源的应用，通过整合多媒体课件、在线课程和虚拟实验等，丰富教学内容和形式，增强课堂的互动性和参与度。同时，教师应积极参与教学资源的开发与创新，为学生提供高质量的学习材料和工具。

第三，教师作为学生成长的促进者，需要关注学生的全面发展。在多元化教学环境中，教师不仅要关注学生的学业成绩，更要关注其综合素质和能力的培养。通过开展各种课外活动和实践项目，教师可以帮助学生拓宽知识视野，提升实践能力和创新意识。同时，教师应注重学生的个性化发展，了解其兴趣和特长，提供针对性的指导和支持，促进其在德智体美劳等方面的全面发展。

第四，教师角色的转变要求教师不断提升自身的专业素养和教学能力。面对快速变化的教育环境和技术进步，教师需要保持终身学习的态度，积极参加各类培训和进修，更新教育理念和教学方法。通过参与教学研究和教育实践，教师可以不断反思和改进教学过程，提高教学效果和学生满意度。学校和教育机构应为教师提供必要的支持和资源，营造良好的教学氛围和学习环境，激发教师的教学热情和创新活力。

教师角色的转变是多元化教学模式成功实施的重要保障。通过扮演引导者、资源整合者和促进者的角色，教师可以有效提升教学质量和学生学习效果。教师角色的转变不仅体现了教育理念的进步，更反映了对学生全面发展的重视和追求，为构建高效、灵活和开放的教育体系奠定了坚实基础。

三、学生学习方式的转变

随着多元化教学模式的普及，学生的学习方式逐渐从被动接受知识转变为主动探究、合作学习和个性化发展。这种转变不仅提高了学习效果，还促进了学生的全面发展。

第一，主动探究学习。在传统教学模式中，学生通常是被动接受教师传授的知识，缺乏独立思考和自主探究的机会。而在多元化教学模式下，学生被鼓励主动参与到学习过程中，通过自主阅读、资料查找和问题解决等方式，培养独立思考和创新能力。这种主动探究的学习方式使学生能够更加深入地理解和掌握知识，提高学习效果。

第二，合作学习。多元化教学强调团队合作和集体智慧，学生在小组活动中通过互相交流、讨论和合作，完成学习任务。这种学习方式不仅有助于知识的共享和扩展，还能培养学生的沟通能力和团队合作精神。通过合作学习，学生能够在互相帮助和共同努力中提升学习兴趣和动力，实现共同进步。

第三，个性化学习。在多元化教学环境中，教师注重满足学生的个性化需求，提供多层次、多模块的教学内容和资源。学生可以根据自己的兴趣和能力选择学习内容和进度，进行个性化的学习体验。这种方式不仅提高了学习效率，还促进了学生的自主学习和自我管理能力，使其在学习过程中不断发现和发挥自身的潜力。

学生学习方式的转变是适应现代教育需求的重要变化。通过主动探究、合作学习和个性化发展，学生能够在多元化教学环境中充分发挥自身潜力，提升学习效果和综合素质。信息技术的应用进一步推动了学习方式的转变，使学习变得更加灵活和高效。在未来教育改革中，学生学习方式的转变将继续发挥重要作用，为实现教育目标和培养全面发展的人才提供有力支持。

四、教学评价体系的完善

一个科学、合理的教学评价体系，不仅能够全面、客观地反映学生的学习成果和发展状况，还能为教师的教学改进提供有力依据，促进教育过程的不断优化和改进。

第一，教学评价体系的完善需要注重评价指标的多样化。传统的评价体系往往侧重于学生的学科知识掌握情况，而忽视了其综合素质和能力的发展。在完善评价体系的过程中，应将评价指标扩展到学生的创新能力、实践能力、团队合作能力和自主学习能力等方面。通过多维度的评价，能够更全面地反映学生的实际水平和发展潜力，促进其全面发展。

第二，评价方法的多样化是完善教学评价体系的重要方面。除了传统的笔试和口试，教学评价体系还应引入项目评价、过程性评价和表现性评价等多种方法。项目评价通过学生在真实情境中完成任务的表现，考查其综合运用知识和技能的能力；过程性评价注重学生学习过程中的表现和进步，鼓励其持续努力和改进；表现性评价通过观察学生在实际操作和活动中的表现，全面了解其能力和素质。这些多样化的评价方法能够更真实地反映学生的学习效果和实际水平。

第三，教学评价体系的完善离不开对教师评价的改进和优化。教师是教学过程的主导者，其教学水平和专业素质直接影响到学生的学习效果。在评价教师时，应综合考虑其教学态度、教学方法、教学效果和专业发展等方面，通过学生反馈、同行评议和自我反思等多种途径，全面、客观地评估教师的教学能力和水平。通过科学合理的教师评价体系，能够激励教师不断提升自身素质和教学水平，推动教学质量的整体提升。

第四，信息技术的应用为教学评价体系的完善提供了有力支持。通过大数据分析和智能化评价系统，可以实现对学生学习情况和教师教学效果的全面监测和分析。信息技术不仅能够提高评价的准确性和科学性，还能为教学决策提供数据支持和依据，推动教学评价的智能化和精细化发展。同时，信息技术还可以实现评价结果的及时反馈，帮助学生和教师及时了解和改进，促进教学过程的不断优化。

第五，完善的教学评价体系应注重评价结果的反馈和应用。评价的目的不仅是为了考查学生和教师的表现，更重要的是通过反馈和应用，推动教学过程的改进和优化。评价结果应及时反馈给学生和教师，帮助其了解自身的优势和不足，明确改进方向。同时，学校和教育机构应根据评价结果，调整教学内容和方法，优化教学资源配置，提升整体教育质量。

第五章　计算机基础多元化教学的实施策略

本章从教学理念的多元化出发，探讨其在指导教学实践中的引领作用。继而分析教学内容的多元化，强调其对于满足不同学习者需求的重要性。随后，研究教学模式的多元化，揭示其在提升教学效果中的关键作用。最后，聚焦于教学资源的多元化，探讨其对于丰富教学手段与环境的价值。

第一节　计算机基础教学理念的多元化

随着信息技术的飞速发展，计算机基础教学的重要性日益凸显。然而，传统的教学理念在现代教育中逐渐暴露出诸多不足，特别是对学生个体差异的忽视和实践能力培养的缺乏。因此，多元化的教学理念逐步成为计算机基础教学改革的方向和基础。通过注重个性化教育、强调实践能力的培养以及倡导自主学习与合作学习，多元化教学理念旨在实现教育的全面发展。

一、个性化教育理念

个性化教育是多元化教学理念的核心所在。每一个学生都是独立的个体，具有不同的学习风格和兴趣爱好。传统的"统一标准"教学模式难以满足所有学生的需求，导致部分学生难以充分发挥其潜力。

（一）因材施教

因材施教，作为个性化教育的重要体现，是一种以学生为中心的教学理念，强调教师应根据学生的个体差异、兴趣、能力以及学习需求，灵活调整教学策略和内容，以促进每位学生的全面发展。这一原则不仅体现了教育的公平性与包容性，也是提高教学质量、激发学生潜能的关键。

1. 实施因材施教的重要性

在当今多元化、信息化的社会背景下，学生的背景、学习习惯、兴趣爱好及认知能力千差万别。传统的"一刀切"教学模式难以满足所有学生的需求，容易导致部分学生感到学习压力过大或缺乏挑战性，进而影响其学习积极性和成效。因此，因材施教显得尤为重要，它要求教师具备高度的敏感性和灵活性，能够识别并尊重每位学生的独特性，通过个性化指导，帮助每位学生发挥其最大潜能。

2. 实施因材施教的具体策略

（1）差异化教学计划的制订。教师应首先通过诊断性评估，了解每位学生的基础知识掌握情况、学习习惯、兴趣点及学习风格，据此制订个性化的教学计划。对于基础扎实、学有余力的学生，可以提供更高层次的学习资源，如参与科研项目、竞赛活动等，鼓励他们探索未知，培养创新思维和解决问题的能力；而对于基础相对薄弱的学生，则需注重基础知识的巩固，通过一对一辅导、小组合作学习、补充练习等形式，逐步提升其学习信心和能力。

（2）分层教学策略的应用。分层教学是因材施教的有效手段之一，它根据学生的学业水平将学生分为不同的层次，实施差异化教学。基础班侧重于基础概念和技能的掌握，确保每位学生都能打下坚实的基础；提高班则聚焦于知识的深度挖掘和应用能力的培养，鼓励学生进行批判性思考和创新实践。这种分层不固定，随着学生学习进步适时调整，既保证了教学的有效性，也激发了学生的学习动力。

（3）持续反馈与调整。因材施教是一个动态过程，需要教师不断观察学生的学习进展，及时给予反馈，并根据反馈调整教学策略。定期的个别会谈、学习小组反馈、家长沟通等都是获取反馈的重要途径。通过这些机制，教师可以更准确地把握每位学生的学习状态，适时调整教学计划，确保教学活动始终贴近学生的实际需求。

（二）兴趣引导

兴趣能够显著增强学生的学习动机，当一个人对某事物产生浓厚兴趣时，他会自然而然地投入更多时间和精力去探索、去学习，这种内在的动力远比外部强加的任务或要求来得更为持久和有效。在计算机技术的学习中，兴趣能促使学生从被动接受知识转为主动寻求知识，从而加深理解，提高学习效率。

为了有效激发学生的兴趣，教师需要精心设计课程内容，确保它们既富有知识性又充满趣味性。这可以通过以下方式实现：

第一，生活化案例应用。将计算机技术与学生日常生活紧密联系起来，比如通过分析社交媒体算法如何影响信息传播，或是利用编程设计一个简单的天气预报应用，让学生意识到计算机技术不仅仅是抽象的代码和理论，而是能够解决实际问题的工具。

第二，游戏化学习。借鉴游戏设计的元素，如积分、排行榜、挑战任务等，将学习过程游戏化，使学生在完成一个个小任务的过程中获得成就感，从而激发进一步探索的欲望。

第三，项目式学习。鼓励学生参与实际的项目开发，比如开发一个小型网站或移动应用，让学生在团队合作中实践所学知识，体验从零到一创造的过程，这种"做中学"的方式极大地提升了学习的趣味性和实用性。

第四，互动式教学。利用多媒体和互联网资源，开展在线讨论、实时编程演示、虚拟实验室等互动活动，增加课堂的参与度和互动性，使学生在轻松愉快的氛围中掌握知识。

二、自主与合作学习教育理念

自主学习和合作学习是现代教育的重要理念，也是多元化教学理念的重要组成部分。通过鼓励学生自主学习和合作学习，可以培养他们的自我管理能力和团队协作精神，从而促进其全面发展。

（一）自主学习

自主学习，作为一种以学生自我规划和管理为核心的学习方式，强调学生在学习过程中的主动性和积极性。它不仅是学生独立完成学习任务那么简单，更是指学生在教师的科学指导下，能够有意识地制订学习计划，选择合适的学习方法，并主动监控和调整学习过程，以达到最佳的学习效果。

在知识爆炸的时代背景下，自主学习能力的培养显得尤为重要。它不仅能够帮助学生更好地适应快速变化的学习环境，提升学习效率，还能够培养他们的创新思维和解决问题的能力。更重要的是，自主学习能够激发学生的内在学习动力，使他们从"要我学"转变为"我要学"，为终身学习打下坚实的基础。为了有效促进学生的自主学习，教师需要采取一系列策略：

激发自主学习意识：① 教师应通过课堂讲解、案例分析等方式，让学生认识到自主学习的重要性；② 鼓励学生设定个人学习目标，并制订实现这些目标的计划。

培养自主学习能力：① 教授学生时间管理和学习策略，例如，如何高效记笔记、如何进行复习等；② 通过课前预习和课后复习的任务安排，逐步培养学生的自学习惯。

提供丰富的学习资源：① 教师应整合和利用各种在线课程、参考资料、学术数据库等学习资源；② 鼓励学生利用这些资源进行拓展学习，满足他们的个性化学习需求。

创造支持性的学习环境：① 教师应营造一个开放、鼓励探索的课堂氛围，让学生敢于提问和表达观点；② 提供机会让学生分享他们的自学成果，增强他们的成就感和自信心。

（二）合作学习

合作学习，作为一种以学生小组合作共同完成学习任务为核心的学习方式，近年来在教育领域得到了广泛的关注和应用。它不仅仅是一种简单的学习策略调整，更是一种深刻体现教育理念转变的教学方式。合作学习的核心在于，它打破了传统教学中学生个体独立学习的模式，鼓励学生通过小组合作，共同探讨问题、分享知识、解决难题，从而在合作中实现知识的深化理解和技能的全面提升。

合作学习之所以能够有效促进学生之间的知识交流和共享，原因在于它为学生提供了一个互动的平台。在这个平台上，每个学生都有机会发表自己的观点，倾听他人的意见，通过思想的碰撞和交融，达到对知识更深层次的理解和掌握。这种互动不仅限于学术内容的讨论，更包括学习方法的交流、学习资源的共享，以及解决问题策略的共同探讨。通过这样的过程，学生能够学会如何从多个角度审视问题，如何批判性地思考，以及如何在多样化的观点中找到共识，这对于他们未来无论是学术还是职业生涯的发展都是极为宝贵的财富。

另外，合作学习还是一种有效的团队协作能力和沟通技巧的培养途径。在小组合作中，学生需要学会如何分配任务、协调进度、解决冲突，以及如何有效地表达自己的观点并倾听他人的意见。这些技能对于任何想要在未来社会中取得成功的人来说都是不可或缺的。通过合作学习，学生可以亲身体验到团队协作的力量，理解到每个人在团队中的角色和贡献都是独一无二的，从而学会尊重他人、欣赏差异，并在差异中寻找合作的可能性。

教师在实施合作学习时，扮演着至关重要的角色。他们需要精心设计需要团队合作才能完成的项目或任务，确保这些任务既具有挑战性，又能够激发学生的兴趣和参与热情。例如，教师可以设计跨学科的研究项目，让学生运用不同学科的知识解决实际问题；或者组织角色扮演活动，让学生在模拟的社会情境中学习沟通和协商的技巧。通过这些丰富多样的合作学习活动，学生不仅能够学到书本上的知识，更能在实践中学会如何与人合作，如何在团队中发挥自己的长处，如何面对挑战并寻求解决方案。

第二节　计算机基础教学内容的多元化

计算机基础教学内容的多元化不仅是教育发展的趋势，也是实现教学质量和效果提升的重要途径。随着计算机技术的迅猛发展，计算机基础教育的内容必须与时俱进，不断更新和丰富，以适应社会对计算机人才需求的多样化。下面将从三个方面详细探讨计算机基础教学内容的多元化。

一、内容更新与时俱进

计算机技术日新月异，教学内容必须紧跟技术发展的步伐，确保学生能够了解和掌握最新的技术成果和应用案例。这种与时俱进的内容更新，不仅能够提升学生的技术竞争力，还能激发他们对计算机技术的兴趣和热情。

第一，引入新兴技术。教师可以在课程中引入人工智能、大数据、区块链等新兴技术的相关知识，使学生对计算机技术的发展趋势有全面的了解。例如，在讲解人工智能时，可以介绍深度学习、机器学习等基本概念，以及它们在图像识别、自然语言处理等领域的应用。同时，通过实际案例，让学生感受到这些技术的实际价值和潜力。

第二，结合实际应用。除了理论知识，教学内容还应结合实际应用，让学生了解到计算机技术在各个领域的广泛应用。例如，可以介绍云计算在数据存储和处理方面的优势，以及它在企业信息化建设中的应用；还可以讲解大数据分析在商业决策、医疗诊断等方面的作用，使学生认识到计算机技术对社会发展的推动作用。

第三，关注技术动态。教师应关注计算机技术的最新动态，及时将新技术、新应用引入到教学内容中。可以通过参加学术会议、阅读专业期刊、关注行业新闻等方式，了解计算机技术的最新发展，确保教学内容的时效性和前沿性。

二、内容层次多样化

多元化的教学内容应具备不同的层次，以满足不同学生的学习需求。这种层次化的教学内容设计，能够使每个学生都能在自己的基础上得到提升，实现个性化教学。

第一，基础内容。基础内容适用于初学者，旨在使其掌握计算机的基本概念和操作技能。例如，可以介绍计算机硬件的组成、操作系统的基本概念、办公软件的使用等。这些内容是学生进一步学习计算机技术的基础，也是他们在实际工作中必须掌握的技能。

第二，进阶内容。进阶内容适用于有一定基础的学生，旨在帮助其深入理解计算机原理和高级应用。例如，可以讲解计算机网络的组成和协议、数据库的设计和管理、编程语言的语法和算法等。这些内容能够提升学生的技术深度，为他们从事更复杂的计算机工作打下基础。

第三，拓展内容。拓展内容则适用于有兴趣的学生，旨在使其能够探索计算机技术的前沿领域。例如，可以介绍人工智能的深度学习算法、大数据的分析和挖掘技术、区块链的分布式账本技术等。这些内容能够拓宽学生的视野，激发他们对计算机技术的创新热情。

三、内容形式多样化

教学内容的形式也应多样化，以激发学生的学习兴趣和积极性。通过不同的教学形式，学生能够以多种方式接触和理解知识，从而提高学习效果。

第一，多媒体课件。多媒体课件是一种常见的教学内容形式，它通过文字、图片、音频、视频等多种元素的组合，使教学内容更加生动、形象。例如，在讲解计算机硬件时，可以通过图片展示各种硬件设备的外观和内部结构；在讲解操作系统时，可以通过视频演示操作系统的安装和使用过程。

第二，在线课程。在线课程是一种灵活、便捷的教学内容形式，它能够打破时间和空间的限制，让学生随时随地进行学习。例如，可以利用网络平台开设计算机基础课程，提供丰富的教学资源和学习工具，让学生根据自己的进度和安排进行学习。同时，在线课程还可以实现师生之间的互动和交流，增强学习的互动性和趣味性。

第三，虚拟实验室。虚拟实验室是一种模拟真实实验环境的教学内容形式，它能够让学生在虚拟的环境中进行实验操作和实践。例如，可以利用虚拟现实技术构建计算机硬件实验室、网络实验室等，让学生在其中进行组装计算机、配置网络等实验操作。这种教学方式不仅能够节省实验设备和场地成本，还能提高实验的安全性和效率。

第四，项目实践。项目实践是一种将理论知识与实际应用相结合的教学内容形式，它能够让学生在实践中巩固和深化所学知识。例如，可以组织学生进行网站开发、数据分析等实际项目，让他们在项目中运用所学的计算机知识和技能。通过项目实践，学生能够更好地理解和掌握所学知识，同时培养他们的团队合作能力和解决问题的能力。

第三节　计算机基础教学模式的多元化

一、计算机基础课程微课教学模式

微课是一种利用先进的网络技术来辅助教学，从而达到一定教学目标的微教学材料。微课的显著优势，就是它把现代先进的信息技术手段和传统的教学材料进行结合，从而使教学更加具有层次感，使教师的教学能够突出重、难点，同时为学生的学习创设一种十分轻松的学习氛围。

（一）微课教学的类别划分

微课教学的类型划分并没有唯一的标准。按照不同的标准，微课可以有不同的分类方法，每种分类方法又可划分出不同的微课类型。

1. 依据教学方向划分

（1）讲述型微课。讲述型微课是一种通过口头传输的方式来教学的微课类型，教师在课堂上主要对重点和难点知识进行讲述。

（2）解题型微课。解题型微课是通过对一些典型的例题进行解析，来对其中的知识点进行教学的类型。

（3）答疑型微课。答疑型微课是通过对学科中存在的一些疑点进行分析，然后获得答案来进行授课的类型。

（4）实验型微课。实验型微课对自然学科比较适用，例如生物、化学、物理等学科，可以通过实验步骤来学习其中的知识。

2. 依据用户与主要功能划分

（1）学生学习微课。学生学习微课主要的用户是学生，一般是通过录屏软件来录制的,将各学科的知识点的讲解录制下来,每个知识点大概在十分钟以内。这样学生可以根据自己的学习情况,选择自己需要的微课视频来学习。这类微课是翻转课堂教学的重要组成部分,是微课建设的主流方向。

(2)教师发展微课。教师发展微课主要的用户是教师,这种微课包含的主要内容是教学理念、教学方法、教学评价机制等,主要是对教师的教学技能来培训,也是教师设计教学任务的模板。教师发展微课用于教育研究活动、高校教师培训、教师网络研修等,这样可以提升教师的教育教学能力,改善教师的工作方式,促进教师的专业发展。

3. 依据视频录制方式划分

(1)摄制型微课。摄制型微课是通过电子设备如录像机、摄像机等来录制课件的方式,可以将课堂上教师讲解的一些知识摄制下来,形成教学视频。

(2)录屏型微课。录屏型微课是通过使用录屏软件来录制微课视频的一种方式,如可以使用 PPT、Word、画图工具软件等将教学内容整理出来,然后在电脑上讲解,在讲解的同时使用计算机上的录屏设备进行录制,可以将声音、文字、图画等内容收录进来,经过进一步制作之后就形成微课视频。

(3)软件合成式微课。软件合成式微课是指事先制作好教学视频和图画,然后根据微课的设计脚本,导入不同的内容,通过重组形成一个完整且系统的微课视频。

(4)混合式微课。混合式微课包含以上几种类型,将之混合使用就成了混合式微课。

(二)微课教学的基本特征

微课是一种新的教学方式,因而和传统的教学方式相比,微课教学具有很多显著的特征，主要包括以下五个方面：

1. 时间弹性，学习便捷

在我国传统的教学模式中，课堂教学时间一般都是固定的，即每节课一般规定为 45 分钟。在微课教学中，微课视频的时间一般都比较短，只有 5 到 10 分钟的时间，因而年龄比较小的学生在学习微课视频时比较容易集中注意力，不容易分心，而且这些短小的视频也很容易吸引学生的注意力，激发学生的学习兴趣。此外，微课的资源易于下载和储存，学生只需要携带移动设备就可以随时随地开展学习活动，非常便捷，具有极大的灵活性。

2. 形式多元，内容真实

微课的多元特点主要是指微课的资源形式非常丰富，它不仅包括视频形式的微课资源，还包括微教案、微课件等教学资源，教学资源的形式是非常多样化的。和我国传统的课堂教学模式相比较，微课这种多样化的教学资源可以提升学生的学习兴趣，使教师的教学更加精彩。在日常的教学实践中，无论是教师还是学生，他们在利用微课资源时都能够从中学习很多东西。

对于学生而言，学生在利用微课学习时，他们可以利用相应的微练习来对已经学习过的知识进行练习和巩固，他们可以利用相应的微反馈来检查自己的学习效果，并查看错误题目的答案，巩固自己的知识。这整个过程可以大幅度提升每个学生的思维能力，使学生对自己的学习能力有更加清晰的认识。

对于教师而言，教师在制作微课的过程中也可以学习很多微课制作技巧，可以升华自身的教学技巧等，这个锻炼的过程也有利于教师的专业发展。微课的真实性特点主要是指微课在设计时都会选择真实的场景，从而使教师把微课和传统课堂教学结合起来。具体分析而言，教师在选择微课的场景时通常都会选择和所学专业相关的场景，如教师通常会选择大学的体育馆等场所来录制体育教学中相关的微课视频，又如教师通常会选择专业的化学实验室等场所来录制化学教学相关的微课视频资源，这样能够体现出微课的真实性。

3. 资源共享，信息交流

在互联网时代，网络为人们的生活提供了很多便利，它的显著优点就是网络可以实现资源的共享。由于微课教学依托于先进的网络技术，因而微课还有一个显著的特点，那就是微课可以实现资源的共享。

微课还可以为教师和学生提供一个网络信息交流的平台，当教学结束之后，教师就可以把相关的教学视频资料上传到网络上，从而供其他教师以及学生学习和借鉴。这也有利于教师之间切磋和学习，促进教师专业发展。

4. 逻辑分明，主题鲜明

教师在教学实践中应用微课的主要目的，就是为了解决很多传统教学模式在课堂中无法解决的教学难题，例如，教学的知识点复杂且缺乏一定的逻辑性、教学的重点和难点不突出等问题。一般情况下，教师在制作微课视频时，他们都已经有了明确的主题，一般教师制作的微课都是围绕着教学中的重点知识或者难点知识展开的，这样微课教学就能够有鲜明的主题，也能够易于学生的理解，帮助学生理清学习的思路，使学生轻松地掌握教学中的知识点。

5. 实践生动，互动性强

由于微课开发的主体是广大一线教师，加之微课的开发本身便是以大学的教学资源、教师的教学活动与学生的学习过程为基础的，因此，越来越多的大学开始通过微课这种新型学习方式进行探索与研究，挖掘本校的微课建设潜力，这一实践本身就具有很强的实证性。在实践过程中，需要特别关注微课的表达方式。生动活泼不仅体现在精美的画面、动听的音乐以及明确的主题上，还体现在精心设计的流程及其相应的互动方式上。

（三）基于知识可视化的计算机基础微课设计

1. 计算机基础微课设计目标

计算机基础微课的设计目标应围绕知识可视化这一核心理念展开。知识可视化起源于信息可视化和数据可视化，其目的在于将复杂且隐晦的信息和数据通过图形化的方式直观呈现，使隐藏的信息规律变得易于理解。在此基础上，知识可视化不仅限于图表的展示，更是通过图形图像的手段，构建并传递复杂知识，促进知识的创新与转移，帮助学习者重构、记忆和应用知识。

最初，知识可视化应用于企业知识管理领域，涵盖隐性知识和显性知识两部分。隐性知识是主观的、经验性的内容，难以通过结构性概念描述，如个人信念、价值观等。而显性知识，也称编码知识，可以通过口头传授、教科书等方式获取，并可通过文字、语言、书籍、数据库等形式传播，易于学习和分享。知识视觉表征是实现知识可视化的重要途径，通过将显性和隐性知识转化为任何人都可以学习的形式，使抽象知识具体化，提升知识的理解和应用效果。

在教育领域中，知识可视化的目标在于激发想象力和创新思维。通过将深奥难懂的个人信仰、人生价值观、经验等内容以图片、图表等形式具体化，使学习者能够形象直观地理解。微课作为一种多媒体教学方式，利用信息技术，将碎片化的学习内容、过程及扩展素材，通过影视化的方式具体化传递。微课中的隐性知识通过视觉形式和符号展现制作者对知识的理解和观点，这种知识结构是学习过程中逐步形成的，是外界刺激后的心理反应产物，知觉的能动性和重组性在这一过程中尤为重要。

因此，在设计知识可视化的微课时，应注重以下方面：

第一，在学习情境上，通过可视化形式丰富内容，吸引学习者注意力，使抽象内容具体化，具体内容生动化。

第二，教学策略要根据学习者的认知规律设计，搭建整合学习者的知识结构，如列举、概括、比较、分析、综合等思维过程，通过案例、图表、知识结构图等形式呈现专家的逻辑推理与解决问题的思考方式，传递隐性知识。

第三，制作者在隐形内容的表达上，应侧重思想、态度、知识观念的表达。

第四，为提升学习者的理性认识，应在视觉形式上合理运用视觉符号，促进感性沟通与审美体验，让学习者从内心接受和认可隐性知识的观点。

2. 计算机基础微课设计的内容

"随着计算机技术的不断进步和更新，对大学计算机教育提出了新的要求。大学必须与时俱进，并及时创新计算机教育系统，以适应社会形势。"[①] 微课的内容核心，具体就是微课要讲什么知识和该怎么讲知识，即微课的教学内容、教学流程和教学策略的安排。

（1）微课的知识点选择。在微课设计中，知识点的选择是关键环节，直接影响微课设计目标的实现。知识可视化的要求决定了微课知识点的选择应从以下三方面着手：首先，选择那些学科中无法直接观察或接触的抽象知识，这类知识通常难以直接理解，例如涉及宏观或微观现象的内容。其次，选择学科内容的结构性整理与总结部分，这部分内容能帮助学生形成系统化的知识结构。最后，选择教师自身和社会上的代表性观点，这些观点往往是课本内容的延伸，旨在拓展学生的认知，并通过多渠道获得知识。

微课的设计不仅在于教材内容的讲解，更在于传递制作者的"知识观"，即隐性知识的具体化表达。微课的独特之处在于对知识的重构，重点在于呈现知识构建的过程，而非结果。因此，在微课设计之前，需深入研究学生的学习思维特点，使设计具有科学性和可实践性，注重培养学生的举一

---

①李勇.高校计算机微课教学体系构建策略［J］.百科论坛电子杂志，2020（13）：1316.

反三能力，而非仅仅完成教材内容的讲授，从而促进学生思维能力的发展。

学习者在认知过程中，通过接触、理解和应用形成知识可视化的视觉表征。可视化效果的成功与否，取决于是否基于接受者的认知基础进行分析，并据此开展有针对性的教学设计。设计出的微课应能重构接受者的知识结构。因此，设计视觉表征之前，需要充分了解接受者的认知水平，并在此基础上运用理论，将知识内容分类并按其认知特点呈现。

现代认知心理学通常将知识分为程序性知识和陈述性知识。程序性知识比陈述性知识更难理解。陈述性知识主要涉及概念、理论、原理和事实，内容相对浅显；程序性知识涉及认知策略、智慧技能和动作技能，是认知技能的获得过程。认知策略包括对学习、注意、思维、记忆等的调节和改善；智慧技能则是运用规则和概念解决问题的能力；动作技能则涉及动手能力。许多研究将认知策略和智慧技能统称为认知技能，强调在教学过程中指导学生将程序性知识和陈述性知识应用于解决实际问题。认知技能的培养因此成为教学的重要目标。

并非所有学科内容都适合微课，内容选择需遵循一定原则，首先要分析准备做微课的内容，挖掘其中的"隐性知识"。学科中的重难点知识、经典知识、前沿知识等，尤其是程序性知识中的认知技能，在学生学习陈述性知识的过程中，需要重新构建认知结构，并在知识点之间建立复杂联系。微课内容的选择应重点关注认知技能，旨在帮助学习者用认知技能解决实际问题。

尽管微课教学在全国教育中逐渐普及，但许多教师对其理解仍不充分，常将微课等同于 PPT 教学，缺乏对学科内容的深入分析与筛选，未能有效挖掘程序性知识和陈述性知识中的隐性知识。例如，高中物理化学学科中蕴含大量隐性知识，但许多教师仍沿用传统教学理念与模式，未能有效提升学生的思维能力。

（2）微课中的隐性知识。微课作为一种新兴的教学方式，不仅在内容的呈现上有其独特之处，更在于通过隐性知识的传递，帮助学生深刻理解并掌握知识点。隐性知识的传递往往需要教师在教学策略中有意识地融入对知识点的深层次讲解，包括知识的背景、学习的意义以及应用的场景等。这种策略不仅可以框架教学过程中的逻辑结构，还能使隐性知识更加具体化。

教师在教学过程中，通过对陈述性知识的演绎和归纳，运用个人的教学策略，使知识变得生动且易于理解。每位教师由于个人经验和学生的不同，教学策略也会有所差异。因此，教师的隐性知识不仅包括对知识点的深刻理解，还包括其独特的教学策略。在微课中，这种隐性知识的具体化过程，通过演绎知识内容，帮助学生对知识进行建构，重新组织认知规律，从而提高学习效果。

在微课教学中，教师应从学生现有的知识和经验出发，通过概要、解释、分析和比较等方式，对陈述性知识和程序性知识进行讲解。教师应根据学生的认知水平，选择生活中常见的例子作为新知识的引入点。这种方法不仅能帮助学生掌握和理解新知识，还能锻炼学生的思维能力。在日常教学中，教师常使用隐喻、类比和联想等技术，来提高教学策略的有效性。

隐喻是通过暗示将两种不同事物联系起来，帮助学生产生新观念。例如，教师可以通过问学生"如果学校像游乐场会怎么样？"来引导学生将学校与游乐场联系起来，从而激发他们的想象力和理解能力。隐喻通过利用学生已有的认知结构，使得新知识的学习更加形象具体。类比则是一种更直接的表达方式，通过将两个相似的事物进行比较，如飞机与鸟类的构造，使学生更容易理解复杂概念。联想是一种从一个概念出发，引发其他相关概念的思维方式，例如，从一个圆圈开始，学生可以联想到太阳、向日葵、游泳圈等。这些方法在教学过程中，不仅能有效培养学生的思维能力，还能使他们的思维变得更加活跃和多样化。

微课在思维可视化方面的发展，取决于如何挖掘学科教学内容中的隐性知识。教师作为微课的设计者和讲授者，首先需要将学科中有价值的知识点进行罗列，并在演绎过程中，通过联想、隐喻和类比的方法，引导学生形成具体的思维。这些隐性知识通过具体化的讲解，帮助学生更好地理解知识内容。当学生的思维得到充分发展后，视觉表征设计的难度也会大大降低。

微课设计中的隐性知识不仅限于学科知识的传授，还包括教师对教学策略的应用。教师应通过研究学生的认知特点，设计科学且可实践的教学策略，帮助学生在掌握知识的同时，提高思维能力。教师在教学过程中，通过隐喻、类比和联想等方法，将复杂的知识点转化为易于理解的内容，使学生能够从多个角度理解知识，形成综合性的思维能力。

微课不仅是一种教学工具，更是教师传递隐性知识的平台。通过微课，教师可以将自己独特的教学策略和对知识的深刻理解传递给学生，帮助他们在学习过程中形成自主的思维能力。隐性知识的具体化，使得微课不仅在知识传递上具有优势，更在于其对学生思维能力的培养和提升。

微课的成功，关键在于如何将隐性知识具体化，并通过有效的教学策略传递给学生。教师应充分利用隐喻、类比和联想等方法，将复杂的知识点形象化，使学生能够在理解和掌握知识的同时，培养独立思考和解决问题的能力。微课中的隐性知识，通过具体化的教学策略，不仅提高了知识的传递效率，更促进了学生综合素质的提升。

在微课设计中，教师应关注隐性知识的挖掘和传递，通过科学的教学策略，将复杂的知识点转化为易于理解的内容。隐性知识的具体化，不仅有助于学生对知识的深刻理解，更能提高他们的思维能力和综合素质。教师在微课中，应充分发挥隐性知识的优势，通过多种教学方法，帮助学生在学习过程中形成全面的知识结构和独立的思维能力。

二、计算机基础课程慕课教学模式

（一）慕课教学的主要特征

慕课是信息技术迅速发展的产物，它在发展过程中形成了独有的特征，具体如下：

1. 自主性

自主性是一个内涵十分丰富的概念，不同的学者对其的理解也不同。下面选取比较有代表性的观点进行具体分析。基于关联主义的慕课推崇者对慕课的自主性特征发表了自己的看法。具体而言，主要包括以下方面：

（1）自主性强调的是学习者在慕课学习过程中自己设计目标，不强调事先目标的设定。

（2）慕课学习中主题是明确的，可以供学习者参考。但是学习者通过慕课平台学习的时间、学习的地点都是不确定的，同时学习者的学习方式、学习效率、学习快慢等都是不受限制的，也就是说学习者可以自己决定学习的时间和地点，也可以自己决定学习的方式。

（3）除了需要获取学分的学习者以外，其他的学习者的课程考核方式都不是正式的。学习者对自己在慕课平台上学习的预期和效果可以自行评判，并没有固定的、专门的或正式的考核方式。

2. 开放性

（1）教学理念的开放性。慕课平台注重平等性和民主性。同时，慕课平台上的课程资源是面向世界各地、各族人民的，没有任何人群的限制。除此之外，慕课平台提倡，只要想学习的人都可以在平台上进行注册学习，从而学习慕课上的各种资源。

（2）教学内容的开放性。慕课平台上蕴含着大量的网络在线资源，且这些资源的内容是开放性的，没有时间和空间的限制。

（3）教学过程的开放性。讲授者与学习者上课、交流、测试、评价等都是在慕课平台上进行的，教学过程是开放的。

可见，慕课有着优质的教育资源，同时将这些优质教育资源上传到慕课平台上，真正实现了资源的全球共享。慕课的开放性有利于促进教育国际化，有利于实现全球资源共享，也有利于世界各地学习者树立终身学习的观念，更有利于促进教育公平化。

3. 技术性

技术性也是慕课的主要特征。慕课是信息技术高速发展的产物，与其他的网络公开课程不同，慕课并不是教材内容到网络内容的简单搬移，而是充分利用信息技术的优势，实现讲授者和学习者之间的在线交流与互动。实际上，慕课是将整个教学过程从线下搬到了线上，真正实现了在线课程教学。

同时，慕课作为信息化平台，它主要采用短视频的形式进行在线教学。通常情况下，在每一堂课中，慕课所涉及的教学短视频的时长是 15 分钟左右。在这些短视频中，不仅包括学习的课程内容，还包括一些客观题。学生要对这些客观题进行回答，而慕课平台中的系统将对学习者的回答进行评价，只有回答正确这些客观题，学习者才能在慕课平台上继续学习。

慕课不仅充分利用了信息技术，还将云计算平台融入其中，这样不仅丰富了课程资源，还促进了海量课程资源的全球共享。另外，慕课还融入了大数据技术，在一定程度上促进了个性化教学的发展。除此之外，慕课平台中的各个网站也是精心设计的，这些精美的网站设计不仅有利于提高学生学习的热情，还有利于提高学生的学习效率。

4. 优质性

与其他信息化平台相比，慕课具有优质性的特征。众所周知，慕课包含很多的课程，无论是世界慕课平台课程还是当前比较流行的"好大学在线"课程，都拥有着高质量的信息资源和学习资源。因为，这些慕课平台上的课程资源都是世界各高校通过专门的技术团队进行合作开发、筛选、编辑、加工、整理、审核之后上传的。这些慕课资源不仅有代表性，还具有高质量性，这些都为慕课课程资源的优质性奠定了基础。总之，慕课是一种集代表性、典型性、高质量性、优质性等资源于一体，为世界各地的学习者提供了大量的优质教育资源。

5. 大规模性

慕课是大规模的在线课程。因此，大规模性也是慕课的主要特征。传统教学是有人数限制的，而慕课教学并没有人数限制，同一课堂上学习的人数可以达到数百万。

随着信息技术的发展，信息技术在教育教学中得到广泛的应用。教育信息化是教育发展的主要方向。而慕课作为不限制课堂学习人数的信息化平台，在教育教学领域日益受到重视。慕课是信息化时代的产物，慕课为世界各地的学习者提供了信息化学习平台。在这一平台上，有来自世界各地数百万的学习者在同一课堂进行学习，从而体现了慕课的大规模性，这也是其他信息化平台无法比拟的。

6. 非结构性

慕课在内容安排上也独具特色。具体而言，慕课中涉及的内容都是一些碎片化的知识。这些碎片化的知识经过专业领域教育者的组合形成了形式多样的内容。这些内容也是比较灵活的，可以根据需要随时进行扩充。各个领域不同的教育者对不同学科知识进行处理和集合，从而形成了内容集合。这个内容集合是慕课特有的，里面的知识可以进行再次重组，并利用慕课平台使这些知识彼此关联在一起。另外，慕课课程标准的设立，有利于提高课程质量，也有利于提高学习者的学习水平。

（二）慕课教学的类别划分

1. cMOOC 教学模式

cMOOC 教学模式是以建构主义理论为基础的，也可称为是基于关联主义学习理论的 cMOOC 模式。建构主义理论强调学习者主动构建知识，而不是被动地接受知识。不同的人对同一知识的理解也是不同的，就如同不同的人对客观世界的理解也存在着一定的差异。基于此，学习者在学习过程中，不能仅停留在知识的被动接受阶段，而要将自己学习的知识进行自主构建。只有学习者自主学习知识、自主建构知识，并具有很高的学习自觉性，才能高效地进行课程学习，并不断提高自己的学习水平。同时，建构主义理论也强调了教师角色的转变，即由传统的权威者、灌输者、主导者变成现在的组织者、设计者、引导者。

cMOOC 是信息化时代不断发展的结果，这一教学模式注重信息化、数字化、网络化人才的培养。要想实现这一模式的目标，就必须重视创新。同时，还要培养学生对信息的生产、捕捉、加工、整理等能力。但是，对于学生而言，慕课是一种新的学习方式，且具有很大的自由性和开放性，学生能否及时转变自己的角色，能否高效地进行自主学习、能否对信息进行生产和处理，都需要学生长期地摸索。

除此之外，cMOOC 教学模式还以连通主义学习理论为基础。根据连通主义学习理论，以某一个共同的学习内容，将世界各个地区的学习者联系起来，不仅实现了资源的全球共享，还促进学习者之间的交流与协作，有利于学习者根据自己的学习情况构建符合自己的学习网络，从而促进自身全面发展。

2. xMOOC 教学模式

xMOOC 主要是以行为主义与认知主义学习理论为基础。

（1）提前了解课程以及课程安排。在 xMOOC 课程模式开始之前，学习者就应该提前了解课程的相关知识，并知晓课程的具体安排，从而进行注册学习。

（2）定期发布课件以及视频。xMOOC 课程模式实施之后，教师应该结合教学目标、学习任务等定期发布一些教学课件，以及教学的短视频，以便于学习者学习。

（3）课后作业规定截止日期。xMOOC 课程之后，教师应该布置相应的作业，并规定作业上交的日期，这样有利于督促学习者在规定的时间内完成作业任务。

（4）适当安排考试。在实施 xMOOC 课程模式中，教师应该适当安排一些考试，并鼓励学生积极参与考试。

（5）开设讨论组以便交流。xMOOC 课程模式，注重讨论组的开设。在讨论组中，学生可以根据自己的疑问进行线上讨论和交流。如果条件允许，xMOOC 课程模式还将线下交流融入其中，从而将线上交流与线下面对面交流相结合。

（三）计算机基础课程与慕课融合式教学设计

1. 教学过程：注重学生的主体参与

（1）教师要根据不同学生在基础和起点等方面存在的差异，认真了解和研究学生的实际情况，才能将科学、合理、有效的教学过程和教学策略制定出来。

（2）教师要利用多样化的方式和丰富的形式开展教学活动，提高学生参与的积极性和主动性，因为不同学生的学习基础和知识结构存在一定差别，教师要与实际教学相结合，利用多种类型开展各种活动，提高学生学习的兴趣和热情，让学生更好地融入课程活动中。

2. 教师任务：注重情境的多元创设

（1）探究、创造、设计情境。教师要以智慧职教 MOOC 为基础，在学生学习的过程中为他们创造更多的认知对立和矛盾，让他们形成独立自主的观念和意识，推动他们对问题发现、解决能力的提升。

（2）创造和设计协同合作的情境。教师要对小组之间的协同合作学习方式和情境进行设计，让学生充分发挥自己已有的知识结构和经验体系的作用建设情境互动，利用交流和合作互相发现差异和不同，再以差异作为重要依据，对具体情况和成因进行分析，最后形成统一的认知理念。

3. 教学内容：融合式教学

（1）融合式教学的活动设计。在融合式教学活动中，最核心的内容部分是设计教学活动。教师要与教学目标相结合，掌握和了解学生的认知结构和认知水准，对情景学习活动进行合理开发和应用。以往开展的计算机基础知识教学活动，都是以教师向学生讲授相关理论知识的模式为主，学生处于被动地位，而且单向接收和学习知识。以互联网为前提围绕计算机基础知识开展的 MOOC 课程，为学生的碎片化学习和移动学习创造了平台和空间，学生可以利用课后时间对 MOOC 进行学习，从而加强对课堂知识的理解和记忆、整合；基于 MOOC 平台开展的智慧职教为学生的学习创造了更多的实用性，有利于帮助学生建构知识体系和结构。教师指导和在线学习是课程设计的重要内容，具体如下：

第一，教师指导。在课堂教学活动中，教师充分发挥引导作用，利用多样化的教学方式，比如小组展示法、分组教学法、情景教学法、互评互助法、小组讨论法、疑难解答和任务引领法以及问题引导法等方式，将学生的动手操作能力激发出来，关注重点，对难点突破，促进教学任务的高效完成。

每个学生的学习过程都经历了从疑惑到探究，再从探究到结论的过程，还要将学生的参与性和积极性不断提升，才能推动知识的迅速积累。教师要充分发挥引导作用，利用思路拓展、任务分析和引导答疑等方式，培养学生对于问题的解决和分析的能力，将学生的积极性和主观能动性充分激发出来。

为了让学生进一步加深对课堂知识的理解和记忆，教师会围绕一定的主题设置相关的讨论活动，让学生结合自己的实践体验和学习心得进行分享，这便是人们常说的慕课讨论会。

第二，在线学习。学生在平台登录后开始学习课程，利用平台和其他同学进行交流和讨论，在学习和理解课堂知识方面进一步加强，对于仍然存在疑问的问题可以在交流区中利用评论和提问的功能得到解答。如果仍然有问题没有得到妥善解决，还可以利用平台获取其他的帮助和咨询，帮助自身更好地解答问题。

自主学习。学生根据教学进度，学习计算机基础课程的慕课中相应的视频课程、电子教案、教学用 PPT、章节练习等网站学习资源。通过完成各单元的学习步骤（包括观看教学视频、阅读知识内容、经典案例分析、学习反思等），巩固面授课程中所学知识。

在线讨论。在计算机基础课程的慕课中设置论坛讨论，学生可以利用平台与学习同伴交流、讨论，进行思维的碰撞，对信息资源整合形成对所学知识的构建。最后，由教师做出指导。

（2）融合式教学的环境设计。众所周知，教学课时和环境条件对传统课堂教学活动的开展起到一定的制约作用，而在课堂教学活动中实施融合式教学，则能改善这一现象或问题。在新的教学模式应用的过程中，学生的主体作用越发彰显，教师要以 MOOC 课程中包含的丰富教学资源作为重要基础和前提，构建学生的知识结构。设计线上的学习环境和设计面对面形式的课堂学习环境共同构成教学环境设计，而教学环境设计也是设计融合式教学的重要内容。

其中线上的学习环境主要是学生对智慧职教 MOOC 平台的充分利用和灵活运用，丰富的《计算机基础》知识和课程等资源包含于平台中，学生通过对这些资源进行学习使他们的知识点得到巩固，更便于同学之间进行交流和讨论，相互成长。因为 MOOC 作为一个虚拟的平台和环境，营造出的学习氛围具有开放式的特点，学生学习平台上的资源之后可以在平台上开展讨论和交流，有利于学生天性的进一步解放。而且，线上学习环境和平台能把重难点知识的答疑解惑和课堂讨论推向更深入的层次，让线下的面对面授课方式与线上环境相融合，对线上教育活动存在的不足进行弥补，并且利用线下面对面的教学环境指导和解答学生的疑惑，让学生更加认可和欢迎并且愿意接受新的教学模式。

三、计算机基础课程翻转课堂教学模式

（一）翻转课堂的根本要素

翻转课堂就是把教师在课堂上讲解知识，学生课后回家完成作业的教学模式颠倒过来，变成学生课前在家学习教师的视频讲解，课堂上在教师的指导下完成作业。"在翻转课堂中，课程视频取代了传统讲授，成为内容传递的重要方式，解放出来的课堂时间为学习者主动学习提供了契机"[①]。翻转课堂至少应该具备三个特征：① 把主要用于信息传递的教学移到课外；② 课堂用于主动和社会的学习活动；③ 需要学生完成课前或课后活动才能最大限度受益于课堂活动。

翻转课堂是在课前布置给学生讲授的材料，然后把面对面的时间用来进行更多的主动学习策略，如反思、小组项目或者讨论。他们认为，翻转课堂的核心要素包括课前内容、形成性评价、致力于学习差距、发展能力，以及教师及时的指导。翻转课堂应该具备以下四个要素：

第一，灵活的学习环境。翻转课堂的环境应该是富有弹性的，能够容纳不同学习模式，允许教师改变教室的物理环境。学生能够选择何时何地进行学习，教师能够根据需要调整教学方法。

第二，以学生为中心的学习文化。翻转课堂应该从教师中心文化转变成学生中心文化，课堂时间应该用来进行深入探索和创造丰富的学习机会。学生从教学的产品变成学习的中心，通过积极参与以及有意义学习积极主动地建构知识。

第三，有目的的内容。在翻转课堂中，教师需要仔细选择并判断什么内容可以通过教师直接讲授，因为讲授对于特定的知识和技能是十分有效

① 缪静敏，汪琼. 高校翻转课堂：现状、成效与挑战——基于实践一线教师的调查 [J]. 开放教育研究，2015，21（5）：74.

的。还有什么内容是需要学生自行探究学习完成的。有目的的内容能够最大化课堂时间，用来进行主动学习、同伴教学、问题解决等活动。

第四，专业的教师。有批评者误以为翻转课堂用视频代替了教师，这是对翻转课堂的误解。专业的教师对翻转课堂是不可或缺的，比起传统教学方式，专业的教师在翻转课堂中更为关键。教师需要决定何时以及如何把直接教学从小组转为个体学习空间，以及如何最大化师生面对面的教学效率。

翻转课堂的做法和内涵虽然简单易懂，却从根本上颠覆了传统教学。特别是在翻转课堂教学模式的作用下，教师通过视频便在课前完成了传授知识的任务，课堂教学活动则用来加强学生和学生之间、学生和教师之间的交流、讨论和学习，在教学过程中充分发挥信息技术的作用，推动教学深度和技术的有效融合，从根本层面上改变和发展传统教学模式，创新人才培养的新模式。

（二）翻转课堂的理论基础

与教育理论研究相比，翻转课堂的实践应用和发展速度遥遥领先，这也反映出翻转课堂领域存在的"研究冷、实践热"的问题。但是教师在运用和实践翻转课堂教学模式的过程中，必须发挥理论的指导作用才能解决其中存在的问题，所以越来越多的专家学者开始重视对翻转课堂的研究，需要他们对翻转课堂的有效性和可行性进行理论层面的论证。归根结底，翻转课堂是一种教学模式，其重要的理论依据包括学习心理学和教学理论。因此，基于教学理论和学习心理学的研究成果，尝试从理论上分析翻转课堂的教学有效性及其内在机制，更为深入地理解翻转课堂。

1. 教学指导理论

翻转课堂能够促进主动认知。教学过程中必不可少的是教师的指导作用，教师在翻转课堂中的作用和功能也是如此。在学生学习的过程中，教师的指导产生积极影响，这是教育心理学界普遍认同的观点。学生主动认知的实现、对学生早中期阶段知识的获取、对学生相关输入信息进行选择、促进学生学习、学生的认知负荷降低等都是在教师指导下产生的积极作用。学生认知主动的实现需要教师给予学生充足的自由从而建构意义，同时教师的指导不可或缺，让学生获得更多实用性知识，推动建构认知活动。

（1）教学解释。教学指导的一种重要形式是教学解释。

第一，与学生已有的知识水平和结构相结合才能提升教学解释的有效性。学生的已有知识水平和个体特征是任何有效教学的重要基础和前提。教学解释必须与学生的学习需求相结合，才能充分激发他们的学习潜力和兴趣，构建与学生已有知识结构密切关联的心理表征，消除知识结构中的错误观念，并对片面理解进行补充，使新旧信息在学生脑海中建立更加紧密的联系。优秀教师应具备的一个重要品质是及时发现学生存在的错误认知，并对教学解释做出相应调整。否则，教学解释如果没有与学生的理解相结合，将会导致事倍功半的效果。若教学解释过于简单，形成的冗余信息容易占用学生的认知资源，妨碍他们开展其他有利于学习的活动；反之，若教学解释超出学生的认知水平，则难以让学生理解。

第二，在学生正在开展的认知活动中，有效的教学解释要充分发挥其整合作用。建构主义学习理论指出，教学活动开展的关键因素在于学生在认知活动中是否能够积极主动地参与。在学生的学习过程中，为了使他们有效建构新知识并深入理解学习材料，教师需要充分发挥协助和指导作用。同时，教学解释必须提供学生在应用教学解释和互动过程中所需的信息，促进学生认知主动性的提升。若学生能够将教学解释的相关内容灵活运用于解决问题的过程中，他们将借此机会实现许多自我解释，对自身认知结构中存在的错误理解进行修改，加强新旧知识之间的联系，提升认知主动性，从而更深入地理解学习内容。

（2）教学反馈。学习者对任何信息的理解和认识，都可以用来拒绝、修正和确定先前的知识，这便是反馈。合适的反馈作为一种有效的指导在教学过程中发挥重要作用。在学生解决问题时，教师给予合理的反馈能让他们及时发现自己的错误并利用正确的方式修正，使得学生对知识形成更深刻的认识和理解。

讲授法是传统的发挥教师指导作用的授课方法，教师自身的角度和已有的学科专业知识是教师讲授的出发点，一般不会与学生的个体特征和知识结构、水平相结合，因此很容易让不同学生对同一教学内容产生认知差别。除此之外，讲授法中，学生处于被动地位、单向接收外在信息、影响学生的外在认知活动，使得学生在解决问题时很难运用这些信息和知识，也无法推动认知活动和自我解释的顺利进行，学生很难深入理解知识。就教学反馈来说，由于传统教学方式以单向传输为主，学生和教师、学生和学生之间的互动比较少，反馈也不够及时和充分，对教学有效性产生不利影响。

（3）教师指导。教师指导是翻转课堂中不可或缺的环节，需注意的是，许多人对翻转课堂存在一些误解，认为翻转课堂仅用视频形式代替教师的面对面教学，从而忽视了教师的作用。实际上，教师的讲授和指导在翻转课堂中仍然至关重要。

首先，翻转课堂中的视频教学与传统教学模式中面对面的课堂教学环节相对应，两者的区别在于前者采用视频形式，后者则是课堂面对面的授课形式。尽管形式不同，但教师在教学过程中的引导作用并未减弱，反而因教学形式的变化而更加多样化和灵活化。视频教学主要承担知识传递的任务，尤其是那些基础性、程序性较强的知识点，通过视频形式能够有效地进行传播。

其次，在翻转课堂中，教师利用直接指导的方式对学生进行知识讲授，以问题导向的形式进行教学，增强学生的学习主动性和互动性。对于简单的知识点和内容，学生可以通过课前观看视频自行完成学习，自我消化并掌握这些知识，从而减少课堂上重复讲解的时间。教师则应重点关注学生在观看学习视频后仍然存在疑惑的地方，加强指导，帮助学生深化理解。

这种指导方式不仅节省了教学时间，还提高了教学效率，使课堂时间能够更好地用于解决学生的疑难问题。

教师指导应与学生的认知活动紧密融合，只有这样才能真正发挥出教师指导的积极作用。这就要求教师必须深入了解学生的认知结构和水平，及时发现学生存在的问题，并调整教学方式和环节。在实际教学中，教师应结合学生的答题情况，通过合理、及时的指导和反馈，使学生能够及时发现并修正自己存在的错误。教师的有效指导可以帮助学生深入理解知识，对其认知图式进行更好的建设，从而推动教学成效的提升。

对比两种教学方法在大学物理课程上不同的教学效果：

第一种为传统的教学方法。在这种方法中，学生课前先预习相关的教学章节。然后教师在课堂上使用幻灯片展示教学内容和例题，进行演示和解释。学生听课的同时也做笔记。最后让学生使用一种叫作 Clicker 问题回答设备，回答若干道题目并提交答案，作为总结性评价方式，测试学生对教学内容的掌握程度。第二种为实验的教学方法。在这种方法中，学生首先完成课前阅读任务以及课前阅读测试。在课堂上的时候，学生首先使用 Clicker 回答问题并两两进行讨论。之后教师根据学生的回答和讨论情况进行有针对性的指导和反馈。然后进行小组合作学习，教师再进行相应的指导和反馈。不同于传统组，实验组并没有正式的讲授，教师只是根据学生的 Clicker 问题的回答情况以及学生的讨论，进行指导和解释。

两组使用的 Clicker 问题一样，但是在传统组中，Clicker 问题是作为总结性评价，在课堂最后使用；在实验组中，Clicker 问题是作为形成性评价在课中使用，教师会根据回答情况进行有针对性的指导。教学完成之后，两个班所有的教学材料都彼此共享。

这个实验是在课程第 12 周进行的，时间为 3 个课时，两个班的学生人数都在 260 人以上，学生的先前知识不存在显著差异。传统组的教师是课程的授课教师，教学经验丰富，历年的学生评教分数良好。实验组的教师为两名从未教过这些学生的教学助理。研究结果显示，实验组学生在参与度和学科知识测试分数上都显著高于传统组的学生。实验组的学生更欢迎新的教学方法，认为这种教学方法更有意思，能够学到更多的知识。

对比两种教学方法可以发现，实验组的教学方法与传统教学方法最大的不同在于，学生在课上使用 Clicker 回答问题，教师根据学生的问题回答情况进行有针对性的反馈和指导。而在传统方式中，教师只是直接进行知识讲授。虽然也让学生回答问题，但是这些问题是作为总结性评价测试学生对教师讲授的掌握程度，教师并没有针对学生的回答情况提供反馈或进行有针对性的指导。因此，两组的差别不在于教师是否在课堂上进行讲授和指导，而在于教师有没有基于学生的理解情况和认知活动进行指导，有没有根据学生出现的问题提供反馈。翻转课堂的讲授正是由于满足了这些特征，因此教学效果要显著好于传统教学方法中的讲授。

2. 认知负荷理论

翻转课堂能够有效管控认知负荷，实现个性化教学。教学效果除了受到教学方法的影响，还受到学生个体特点的影响。只有根据学生的个体特点进行因材施教的个性化教学才能达到理想的教学效果。随着学生个体特点的变化，原来效果好的教学方法可能会失去效果，甚至产生负面的教学效果。

关于个性化教学，教学效果与学生个体特质具有紧密的关系。个体特质是一个很宽泛的概念，包括知识、技能、学习风格、人格特征等。特质指的是一套复杂的、用以解释个体接受某种教育措施之后状态的个体特征，如决定个体学到什么，学到多少，或者学得多快。特质类似于预备，包括学习者一系列认知和情感的特征，这些特征影响了他们对学习环境特定需求和机会的反应。

与其他个体特质相比，先前知识水平是一种最重要的个体特质。个体先前的知识水平比其他特质更容易定义和测量。个体的先前知识水平与教学方法对教学效果的交互作用，得出了稳定、可信的结果。教学方法和先

146

前领域熟悉度之间存在交互作用。在不熟悉的领域中，详细且一致的教学支持（如根据教学目标合理设计材料、反馈、回顾文本、回答辅助问题等）比弱教学支持（如知识阅读结构性差的材料）的教学效果更好。而在熟悉领域，这种差异则不显著。领域的先前知识水平和最优教学方法之间存在反转的关系：先前成就越高，教学支持和结构的水平就越低；反之，先前成就越低，教学支持和结构的水平就要越高。教学方法的有效性受到学生个体特质，尤其是先前知识水平很大的影响。

认知负荷理论，从人类认知结构特征研究个体特质和教学方法之间的交互作用。在诸多个人特质中，他们尤其强调研究个体的先前知识水平。个人知识水平是影响学习和表现的最重要的认知因素。对于低知识水平个体有效的教学设计和方法，对高知识水平个体可能会失去作用，甚至会产生消极作用。这种随着个体知识水平改变而导致教学方法的效果发生逆转的现象也被称为专长逆反效应。根据专长逆反效应，教学方法需要根据学生在某个领域知识水平的变化而进行相应的调整，下面从认知负荷理论的角度分析个体知识水平如何影响教学的有效性。

认知负荷理论是现代认知理论的新发展，也是当前教育心理学研究的热点。认知负荷理论主要从长期记忆、工作记忆以及两者之间的关系来阐述学习的规律，强调工作记忆限制对教学有效性的影响。根据认知负荷理论，长期记忆被视为是人类认知的核心，人们无法直接意识到长期记忆的存在。人们学习过程中的许多信息都储存在长期记忆中，在这些信息的作用下，当人们遇到问题时，能够快速做出选择和判断，将解决问题的方法从长期记忆中调取出来。人们对信息进行有意识的加工，即工作记忆。工作记忆拥有有限的持续时间的容量，一般只能储存 7 个左右信息，只能同时对 2～3 个信息进行加工，而且最多实现 30 秒的持续时间。在工作记忆中输入并加工新的信息，会给工作记忆增加负担，形成认知负荷。根据认知负荷理论，应该最小化那些与学习不相关的加工或储存，以免对有限的工作记忆造成负担。

为了更好地解释认知负荷理论，可以区分三类认知负荷，具体如下：

内在认知负荷，是指学习材料的复杂性对学习者理解过程中产生的认知负担，即学习者在理解材料时必须同时注意的要素数量。这种负荷的程度主要由学习材料要素之间的交互性决定。高交互性材料往往需要学习者在处理信息时同时关注多个相互关联的要素，增加了认知负荷。此外，学习者的领域先前知识水平也是影响内在认知负荷的重要因素。具备相关领域知识和图式的学习者，能够更有效地组织和处理新信息，减少内在认知负荷，从而更轻松地理解复杂的学习材料。

相关认知负荷，是指那些有助于学习的心理活动对工作记忆产生的负担。例如，在学习过程中，学习者进行自我解释、问题解决、推理和类比等活动，这些活动虽然增加了认知负荷，但它们促进了图式的建构和整合，有利于知识的深层理解和迁移。因此，相关认知负荷在一定程度上是必要且积极的，它支持了有效的学习过程，有助于学习者将新知识与已有知识相结合，形成更完整的知识结构。

外在认知负荷，是指那些不利于学习的心理活动对工作记忆产生的负担。通常，这些负担来源于与教学目标无关的、组织不良的教学活动。例如，杂乱无章的教材内容、不合理的教学方法、不必要的信息冗余等都会导致高外在认知负荷，进而分散学习者的注意力，阻碍有效学习。外在认知负荷不仅浪费了学习者的认知资源，还可能导致学习者感到困惑和疲惫，从而降低学习效果。因此，优化教学设计，减少不必要的外在认知负荷，对于提升学习效果至关重要。

因此，良好的教学不能产生高外在认知负荷（即与学习无关的活动），尤其是在高内在认知负荷（材料的复杂性）的情况下。否则高外在和内在认知负荷会占用大量的工作记忆，使得相关认知负荷（与学习相关的活动）无法产生。有效教学就是要尽可能促进学习者相关的认知负荷一个教学会产生什么样的认知负荷，除了与教学内容、教学材料和教学方法有关，还取决于学习者的先前知识水平。

　　根据专长逆反效应，对于领域新手来说，其需要尽可能提供外在的教学支持和指导来替代其缺失的知识基础，否则学习者会使用无效的认知搜索策略，造成过重的认知负担。对于领域专家来说，其长期记忆具备所有必需的知识结构，因此不需要提供任何教学支持。过多的教学支持反而会给领域专家带来不必要的认知负担，形成冗余效应，影响教学效果。对于领域水平中等的学习者，内外在的信息来源可以是互补的，在理想和良好平衡的情况下，在处理输入信息的熟悉部分时，可以基于长期记忆的知识；在处理输入信息的不熟悉部分时，可以基于外在直接的教学支持。对于领域水平较低的新手来说，其由于不具备相关的知识基础，因此需要提供尽可能充分的教学支持，以降低他们的认知负荷，促进图式的建构和形成。

　　具有不同先前知识的学生的关键特征是不同的。先前知识水平较低的学生认为是关键的特征，对先前知识水平高的学生来说不一定关键，反之亦然。比如，在学习"三角形的高"这个概念的时候，"三角形的高要经过三角形的一个顶点"这个特征对于先前知识水平较低的学生是关键的，但是对于先前知识水平较高的学生就不是关键特征。教师在教授这个概念的时候，需要根据学生的知识水平进行调整。我们还阐述了四种变与不变的范式在样例教学中的作用，包括：对比、分离、融合、类化。学生需要首先单独审辨出每个关键特征，然后才能经验所有关键特征的同时变化。对于先前知识水平不同的学生，这些范式的具体使用方法和顺序要有所不同。

　　总的来说，学生的先前知识是影响教学效果最重要的变量，教学需要依据学生的先前知识进行设计。通常来说，先前知识水平较低的新手需要更多的教学支持（如样例），而先前知识水平较高的学习者则需要较少的教学支持（如问题）。因此，能否基于学生的先前知识水平进行教学，是评判教学方法是否有效的重要依据。然而，对于大多数教育工作者来说，基于学生的先前知识水平进行个性化教学至今仍是一个遥不可及的梦想。无法做到个性化教学是以"班级授课制"和"讲授法"为主要特征的传统教学方式所固有的弊端。一方面，大多数的教学都具有相同的内容、步骤、方法；另一方面，学生是具有不同知识水平、认知方式、学习动机的个体。这两方面的矛盾一直制约着课堂教学的有效性，无法得到根本的解决。翻转课堂能比较有效地解决这个问题，实现个性化教学。

（三）翻转课堂的典型范式

当今世界上的翻转课堂模式，大致归纳出以下五种典型范式：

第一，林地公园高中模型。林地公园高中模型由两名勇于尝试翻转课堂的教师在 K12 学校中最先探索和创建。他们的经典翻转课堂教学模式通过布置家庭作业，让学生回家观看在线教学课程视频，第二天在课堂上完成相关练习题。然而，鉴于部分学生家庭缺乏电脑或互联网，他们将教学视频刻录在 DVD 光盘中，利用电视进行教学视频的观看。在课堂教学活动中，学生不仅需要完成习题练习，还需参与实验任务和探究活动，以此提升学习效果和实践能力。

第二，可汗学院模型。可汗学院模型在翻转课堂实践中获得广泛应用，其基础是可汗学院与美国加州洛斯拉图斯学区的合作。他们依托备受推崇的教学视频和开发的课堂练习系统，显著提升了教学效果。该模型的最大亮点是课堂练习系统，它能迅速捕捉学生答题过程中遇到的困难和瓶颈，使教师能够及时提供帮助。此外，该模型还将游戏与学习相融合，通过徽章奖励机制激励学业优秀的学生，进一步增强学习动机和参与度。

第三，河畔联合学区模型。河畔联合学区模型在美国加州河畔联合学区的翻转课堂教学实践中得以应用，其特别之处在于数字化互动教材的使用。这种教材包含视频、文本、3D 动画和图片等多种多媒体资料，并融入分享、笔记和交流等功能，特别适用于实验领域。相较于其他模型和地区利用视频和教学材料实施翻转课堂的方式，互动教材显著提升了教师的教学效率和学生的学习兴趣，促进了教学效果的提升。

第四，哈佛大学模型。哈佛大学模型由埃里克·马祖尔博士提出，将同伴教学法和翻转学习融合并付诸实践。其主要环节包括：在课前准备阶段，学生通过阅读相关文章、观看视频、听播客等方式，充分调动和激发已有知识，对新知识和新问题进行思考。学生须记录课前准备阶段遇到的疑惑点，并在社交网站上发布这些问题。教师整理学生提出的问题，开发课堂学习材料和设计教学环节，不再重复讲授学生已掌握的知识点。在课堂教学中，教师运用苏格拉底式教学法，以学生在学习中遇到的难点和疑惑点为依据，让学生互相帮助、共同解决问题。教师在其中的角色是提供适当帮助和聆听学生对话交流。

第五，斯坦福大学模型。斯坦福大学模型通过实践发现，让学生观看线上讲座视频类似于开展课堂教学活动，难以激发学生的积极性和兴趣。因此，研究人员将一个小测验功能添加到在线讲座系统中，该功能每 15 分钟弹出一次，以及时掌握学生的学习情况。此外，还将社交媒体功能添加到实验中，让学生通过提问进行交流互动。通过这些举措和功能，学生问答的速度有所提升，"共同学习"模式的应用成效显著。

（四）翻转课堂的教育理念

第一，注重学生能动性和主体性的学生观。教育的真正目的是实现自我教育，只有当个体主动开展自我教育，才能推动真正教育的实现。个体学会自我教育，才能实现其自我价值。在学习过程中，学生是学习的主人和主体。学生必须掌握自我学习的能力，才能增强其学习的主观能动性和自主学习的可能性。翻转课堂教学模式的运用，能够使学生发挥主体角色和主人翁精神，准确掌握自己的学习进度，充分发挥积极性。在小组合作环节和自学环节中，学生学习的主体性和能动性得到积极推动。

第二，自主学习、合作学习、探究学习的学习观。现代学习观关注学生自身所具备的探究学习能力、自主学习能力和合作学习能力。每一个学生都具有学习的主体性和能动性，其中能动性包括与他人进行合作学习、以问题为导向的探究学习和自主学习的能力。翻转课堂教学模式作为教学活动的基础和前提，有利于提升学生的探究学习能力、自主学习能力和合作学习能力。通过这种模式，学生在自学质疑阶段和训练展示阶段的表现，反映出其较高水平的自主学习能力和团队合作能力。探究学习能力的提升同样体现在这些环节中，通过自主学习和团队合作，学生能够更深入地理解和掌握学习内容。

第三，新型因材施教、分层教学的教学观。新型因材施教观基于维果斯基的最近发展区理论，强调学生认知结构和知识水平的发展潜力。教师在教学活动中应关注学生的个体差异，利用分层教学的方式，针对不同认知水准的学生进行教学。通过分层教学观和新型因材施教观，翻转课堂教学模式得以具体实践。例如，在山东省昌乐一中的实践中，学生的独特性和个体差异性在教学设计中得以体现，通过设计两种方案、制作微课和合作学习等步骤，推动学生提升认知水平，挖掘潜在的认知能力和发展可能。

第四，"独立性与依赖性相统一"的心理发展观。学生在心理特征和生理特征上具有相对的依赖性和一定的独立性。教学活动中，教师的主导作用与学生的依赖性相符合，而学生的主体作用则与其独立性保持一致。翻转课堂教学模式中，"统一的依赖性和独立性"心理发展观得到充分反映，教师和学生在教学过程中各司其职，学生充分发挥主观能动性进行学习，教师则提供合适的指导和启发。通过这种方式，学生的主体性和教师的主导性得以完美融合，推动教学成效的提升。

（五）基于翻转课堂的计算机基础课程教学

1. 教学设计目标

计算机基础课程教学目标主要有三方面：① 要求学生了解计算机基础相关知识，包括计算机的历史、发展现状、计算机的组成结构等；② 在了解计算机基础相关知识之后对计算机的软件进行操作与掌握，熟练程度也有一定的要求，同时达到熟练掌握数值和编码的转换；③ 应用软件解决生活与学习中的相关问题，做到学以致用。

计算机基础课程是大学生入学的第一门计算机课程，实际操作性强而且理论基础又需要相当扎实。

2. 教学设计要点

（1）在学生自主学习的进程中，教师扮演着至关重要的引导角色。大学计算机基础课程的教学目标，不仅在于传授计算机相关的专业知识和技能，更要求学生能够实际操作并应用这些知识。因此，将翻转课堂教学模式融入该课程的教学活动中，旨在充分激发学生的自主学习能力，无论是在课堂之上还是课后时间。这一教学模式强调以学生为中心设计教学活动和环节，而教师则需在此过程中发挥恰当的引领作用，适时提供指导和帮助。这样的教学策略有助于实现因材施教，满足学生个性化的学习需求。

（2）个性化发展是推动教育资源多样化进程的核心目标。随着信息技术的不断进步和时代的发展，教学与信息技术的深度融合已成为教育发展的必然趋势。这一趋势促使教学以信息技术为基石，实现技术化的转型，同时要求教学资源在内容上不断扩展，展现出时代化的发展特征和多样化的形式。具体而言，多样化的教学资源涵盖了包括互联网、电脑、传统阅读、平板电脑和手机在内的多种教学方式，教学内容则不断向互联网和图书馆等更广阔的领域延伸，形式上也包含了视频、纸质材料、文字、图片和电子资源等。在这一背景下，每个学生的学习过程都应体现出对学习资源、学习方式和学习内容的不同选择，从而展现出更加个性化的特征。最佳的学习体验应当与学生的学习过程高度契合，以满足其独特的学习需求。

（3）学习活动的设计环节对于教学模式的创新至关重要。当选择采用新的教学模式时，必须配套设计一系列新的学习活动，以帮助学生锻炼和提升自身能力，同时激发其学习积极性和兴趣。这些丰富多彩的学习活动应当与课程内容保持紧密联系，确保活动的设计既有趣味性又具教育意义。同时，对课程质量和内容的重视也是不可或缺的，以确保学习活动能够有效支持学生的学习目标。

（4）在学习任务的设计上，保持其真实性是一个重要原则。教师根据教学课程和学习目标设计的各种任务，包括小组任务和个人任务，都是学生学习过程中不可或缺的一部分。与传统教学中以枯燥的练习题为主的学习任务相比，教师应联系生活实际，制定更具实用性和情境性的任务小测验。这样的任务设计不仅能够增强学生的学习动机，还能帮助他们更好地理解和应用所学知识。

（5）对于教学评价而言，实施过程化评价是自主学习新模式的关键环节。将自主学习为主的新模式应用于教学过程和学习过程中，要求对学生的学习进展进行持续的评价和记录。这一过程化的评价方式不仅使教师能够随时了解学生的学习进步情况，还能帮助学生清晰地掌握自己的学习成果和成效。通过这种评价方式，教师和学生都能获得及时的反馈，从而及时调整教学策略和学习策略，促进教学效果和学习效果的不断优化。

3. 教学设计框架

计算机基础课程的内容划分，主要依据混合学习方法和翻转课堂教学模式。教师基于授课内容设计课堂教学活动，确保教学活动与课程内容紧密相关。

针对不同的教学内容，教师会灵活调整课堂教学活动的方式。设计课堂教学活动的核心在于制订学习策略和学习活动，这包括与课程相关的内容说明和概况设计，主要围绕能力型、知识型和技能型等教学内容进行。

混合式学习法是在翻转课堂教学模式基础上开展的具体教学实践，旨在提升学生的合作能力、自主学习能力和学习热情。因此，在划分课程内容时，教师需要结合学生学习的内容，对课堂形式进行相应的分类，以推动教学活动的顺利完成和教学质量的提升。多样化的课堂学习方式之所以形成，主要是因为学生采用了多种学习方法。对于以能力型和技能型为主的课堂，学生应使用解决机遇问题的探究式学习方法，这种方法使学生处于更真实的问题环境中，学生需明确任务，独立完成包括思路整理、资源搜索、结果归纳、总结分析、积极探索、寻求帮助以及答案检验等所有环节。对于以能力型和知识型为主的课堂，学生应采用合作学习的方式，通过小组形式完成小组任务，同时，每个学生应争取一次作为小组代表为全班做总结汇报的机会。这种方式增加了学生之间以及学生与教师之间的交流、沟通和表达，有助于学生提升讨论、实践和合作能力。

学习活动受多样化学习方式的影响，也呈现出更加丰富多样的形式。在设计实验阶段时，会考虑使用活动参观、小组汇报、知识竞赛、个人展示和辩论赛等多种形式。其中，期末学习分享会是一种常用的活动形式。教师通常会将期末分享会安排在学期中期结束后、学期末之前，占用两节理论课的时间。每位学生需对五项学习任务进行整合和总结，并与全班同学分享其中的一项或对半学期的学习情况进行总结。每位学生须在三分钟内完成分享，分享结束后，由该名学生选择一位教师、一名组外成员和一名组内成员对其总结汇报进行评价。从本质上说，期末分享会不仅是学生学习成果的展示，更是学生表达在新模式作用下的心路历程、学习心得以及与教师同学相处感受的重要平台。

4. 教学资源设计

在传统教学模式中，练习册和书本作为主要的教学资源被广泛应用，学生通过这些资源获取知识。然而，在翻转课堂的教学模式下，学生被鼓励在课余时间通过自主学习掌握新知识，这对教师在教学资源设计中提出了新的要求。重要的是，教师需精心筛选学习内容，不仅要激发学生的兴趣，还要确保学生能够通过自主学习方式掌握基础知识。

设计教学资源时，教师需始终坚持多样化原则，将教师制作的教学微视频、网络信息、图片、文字以及书本知识有机结合。选择 QQ 空间等网络平台作为主要传播途径的原因在于，学生熟悉该平台的操作方式，能够利用电脑客户端和手机移动客户端随时登录平台进行学习。此外，QQ 空间提供的留言、点赞、交流和转载功能，有利于促进师生之间和学生之间的交流与讨论，进一步激发学生的学习兴趣和参与度。

在教学内容选择方面，重点是识别和确定关键的知识点，这是开发和设计微视频教学资源的重要基础。教师需要将最多 3 个关键知识点结合生活案例进行具体而生动的举例和讲解，以增强学生的理解和记忆效果。在微视频的制作过程中，教师应充分利用视频制作软件如 Camtasia Studio，确保视频画面清晰、学习操作简单明了。完成微视频的后期制作和录制后，教师将其上传至网络平台，供学生观看学习和展开交流讨论。这种整合教学资源并通过网络平台传播的方式，不仅提升了教学的灵活性和互动性，还有效地激发了学生的学习兴趣和自主学习能力，符合现代教育技术应用的趋势和需求。

5. 课程评价设计

在每个学期末，教师会根据学生这一学期的表现和考试成绩进行考核评价，平时成绩和期末成绩构成的考试成绩、小组任务完成情况、个人任务完成情况、制作汇总期末大作业的情况、包括网络学习交流互动和出勤在内的平时表现情况都是考核评价的重要内容，这种评价属于过程化评价，由小组组员、任课教师和学生本人共同打分再计算综合成绩。

（1）考试情况。学生的综合测评和应试成绩共同构成考试情况。围绕相关主题开展的测验、计算机等级考试、期末考试等都要计算在应试成绩中；课后开展的集中学习情况、期末分享情况、小组汇报情况和课上互动情况等都要计入综合测评。

（2）个人任务。个人任务作为教学的一部分，为学生提供了独立自主完成任务的机会。每节课后，教师发布系列任务卡，学生须通过自主学习的方式完成任务，并将成果提交至教师的电子邮箱。这些个人任务不仅有助于建立学生的自主学习能力，还为教师提供了评估学生整个学期学习表现的重要依据，有助于及时发现学生在学习过程中的问题和进步。

（3）平时表现。学习分享活动是学期末的重要环节，通过这一活动，学生有机会展示自己在学期内的学习成果和成长。教师组织学生进行学术性的语言表达、内容组织和总结能力的考核，要求学生通过个人总结论文、简历、数据分析、论文排版、电子小报和 PPT 等形式，向同学和教师展示自己在学期内所取得的进展和成就。

（4）学习分享。在每个期末结束之前，教师会组织开展期末学习分享会，学生利用期末学习分享会将自己在这一学期的学习成果展示出来，重点考核学生的语言表达能力、组织能力和整体总结能力。学生要围绕学期本专业所学内容，对个人期末总结论文、个人简历、以小组为形式的分析系列数据、论文排版、主题电子小报和自定义主题 PPT 等进行整理和汇总，提交给教师之后从中挑选一个或重新整理一个创意总结在会上分享，该项考核内容也是新模式实施之后所获得的教学效果的表现形式之一。

（5）小组任务。每个学生完成自己的个人任务之后，教师根据课题或主题安排学生进行小组任务，要求学生通过协作完成任务，并在课堂上对任务成果进行汇报。这一过程不仅考查了学生的团队合作能力和分工情况，还有效地促进了学生之间的互动和协作，为其未来的职业生涯和学术发展奠定了基础。

四、计算机基础课程混合式学习教学

（一）混合式学习的学习理论依据

混合式学习是一种传递学习及改进绩效的整合性策略；混合式学习是一种根据学习者的需求和特点，设计适合的学习流程、选择合适的学习内容、提供合适的学习环境，从而达到最好的学习效果的学习方式；混合式学习的难点在于根据特定的环境及对象选择适当的、多种方式的结合；混合式学习是一种教学设计思想，从教学管理角度看，就是组织最优的媒体、工具、技术、教材、教师、教室等，呈现适合学习者的最佳组合，从而达到最佳的学习效果。

1. 学习理论混合框架

（1）混合式学习过程。混合式学习过程包括以下五个核心要素：

第一，现场活动。同步的、由教师指导的学习活动，所有学习者同时参与，如实时的"虚拟课堂"。实时同步活动是混合学习的主要"组成部分"。对于许多学习者来说，没有什么能取代利用现场讲师的专业知识的能力。ARCS 动机模型中的 4 个要素：注意力（attention）、相关性（relevance）、信心（confidence）和满足感（satisfication）推动了有效的现场活动。

第二，网上学习内容。学习者通过自定步调学习而独立获得的学习经验，如互动、基于互联网的或者基于 CD-ROM 的培训。自定步调的异步学习活动为混合式学习方式增添了重要价值。为了从自定进度的学习项目中获得最大价值——真正的商业成果，它必须基于教学设计原则的有效实施。大多数自定步调的学习产品都声称有教学设计基础。教学设计原则的实际实施差异很大，结果也大不同。例如，两个产品可能都"基于"加涅的 9 个教学事件，第一个产品包含陈述的目标、滚动文本和一些选择题；第二个产品也包含学习目标和文本，但是增加了照片逼真的技术动画、音频和搜索功能。相同的基础，截然不同的实施和结果。

第三，协作。学习者彼此之间能够相互交流、合作完成学习任务，如电子邮件、基于论坛的讨论、在线聊天等。当有机会进行有意义的合作时，现场活动或自定步调的学习体验的力量就会增强。人类是社会性的，正如建构主义学习理论所假设的那样，人们通过与他人的社会性互动来发展新的理解和知识。此外，协作学习给学生提供了传统教学无法提供的巨大优势，因为一个团队能够比任何个人更好地完成有意义的学习和解决问题。当创建混合式学习产品时，设计者应该创造环境，让学习者和讲师可以在聊天室同步协作，或者使用电子邮件和线程讨论异步协作。

第四，评价。采用一种评价学习者知识状态的方法。在开展实时的或自定步调的事件之前进行前测，以判断学习者已有的知识基础。活动或在线学习事件完成之后开展后测，其目的主要用于评价知识的迁移情况。评价是混合学习最关键的组成部分之一，它使学习者能够"测试"他们已经知道的内容，微调他们自己的混合学习体验；它衡量所有其他学习模式和事件的有效性。布卢姆按智力特征的复杂程度，将学习目标分为知识、领会、应用、分析、综合、评价等六级水平，为设计和构建评估提供了一个框架。

第五，电子参考资料。强化学习记忆和迁移的实践参考资料，包括 PDA 下载和 PDF 文件。可以说，性能支持材料是混合学习的重要组成部分。用加涅的话来说，它促进了"学习记忆和迁移"到工作环境中，目标是让那些对工作经验很少或没有经验的人立即获得工作表现。当今最有效的性能支持材料有可打印的参考资料、工作辅助工具和 PDA 下载。

（2）学习理论混合的选择策略。学习理论的多样性反映了教育研究中对于不同学习环境和学习者特征的理论探索与反思。每种学习理论都具有其独特的科学基础和适用条件，然而，单一学习理论往往无法覆盖所有学习情境下的复杂需求与变化。随着学习任务的复杂性增加、学习者认知能力的不断强化以及教育环境的不断丰富，学习理论的选择和应用必须更加灵活和多样化。

混合式学习资源的广泛应用要求教育者不仅仅依赖于单一学习理论的指导，而是需要将多种学习理论有机地融合在一起，以形成更为综合和有效的混合式学习理论。这种有机融合能够有效地弥补单一学习理论的局限性，从而提升教育教学的全面效果。在教学设计中，根据学习者的认知水平和学习任务的性质，选择合适的教学策略至关重要。例如，对于知识水平较低的学习者，行为主义的策略可能更为有效；而对于需要较高认知加工水平的学习任务，则更适合采用认知主义或建构主义的策略。

在教学实践中，设计者需结合学习任务的性质和学习者的特点，智能地选择最佳的教学方法以获得最佳的教学效果。不同学习理论的策略往往具有交叉重叠之处，即在特定先验知识量和相应认知加工需求下，不同学习理论的策略可能会相互补充和协同作用。因此，在整合策略到教学设计中时，必须充分考虑到学习任务的要求和学习者的认知水平，以确保教学的有效性和针对性。

2. 多媒体学习理论

多媒体学习的认知理论基于生成性理论的原则：① 学习是一个生成过程，这是核心原则；② 学习是一个积极的过程，在这个过程中，学习者通过在学习过程中进行积极的认知加工来理解所呈现的材料，学习不仅取决于所呈现的内容，还取决于学习者在学习过程中的认知过程；③ 主动学习，也是多媒体认知理论的中心原则。有意义的学习依赖于学习者在学习过程中的认知过程。

（1）多媒体学习的认知模型。多媒体是一种以计算机为媒体的交互式呈现方式，包括文本、声音、静态图像、动态图像、动画等元素。当电脑呈现的材料包含两种以上上述元素时，我们就可以认为这是多媒体的呈现。依靠多媒体呈现方式所进行的学习就是多媒体学习。

在多媒体学习的认知模型中，双通道原理由两行表示：一行用于处理语词，另一行用于处理图片。容量有限原理由中间的工作记忆箱表示，在工作记忆箱中进行知识建构。主动加工原理由 5 个箭头表示——选择语词、选择图像、组织语词、组织图像、整合——这是有意义学习所需要的认知过程。

多媒体课程教学的开展，可能包含图形和文字（印刷或口语形式），这些图形和印刷单词通过眼睛进入大脑认知加工系统，口语单词通过耳朵进入。如果学习者投入注意力，一些材料会保留在学习者的工作记忆中进行进一步处理。在工作记忆中，学习者可以在精神上把一些选定的图像组织成图画模型，把一些选定的单词组织成言语模型。最后，学习者可以通过长期记忆和学习者的知识库，将输入的材料与现有知识连接起来。

（2）多媒体学习的认知过程。学习应是知识建构的过程，学习者作为信息的主动加工者和意义的主动建构者，其目标不应该停留在记忆和保持上，更重要的是要形成理解和迁移。

学习者的认知活动，特别是在言语和视觉表征间建立联系，在学习者可以同时在记忆中保持相应的视觉和言语表征的情况下更容易发生。因此，教学信息的设计就应该使得这些重要的认知加工产生的机会最大。在多媒体信息加工过程中，这 3 个过程并非总是按顺序发生，当学习者适当地参与所有这些过程时，就会发生有意义的学习。网络课程学习的 4 个关键过程如下：

第一，学习者必须专注于课程中的关键图形和单词，以选择要处理的内容。

第二，学习者必须在工作记忆中复述这些信息，以便将其与长期记忆中的现有知识进行组织和整合。

第三，为了完成整合工作，工作记忆有限容量不能超载。课程应运用认知负荷减轻技术，尤其是当学习者是新知识和新技能的新手时。

第四，长期记忆中储存的新知识必须检索回作业，我们称这种过程为学习迁移。为了支持迁移，网络课程必须在学习过程中提供一个作业情境，以创建包含与作业相关的检索挂钩的新记忆。所有这些过程都需要一个积极的学习者——一个有效选择和处理新信息以达到学习效果的人。网络课程的设计可以支持主动处理，也可以抑制主动处理。

3. 生成性学习理论

（1）生成性学习理论的主要思想。

生成性学习最初是为提高阅读理解设计的，生成性教学在中小学阅读、经济学、科学、数学等学科中得到了发展和实证检验，就是要训练学习者对他们所阅读的东西产生一个类比或表象，如图形、图像、表格或图解等，以加强其深层理解。生成性学习理论源于巴特利特把学习看作是一种新经验与现有图式相结合的建构行为观点，皮亚杰把认知发展看作是新经验吸收到现有图式中并容纳现有图式的过程观点，以及格式塔心理学家记忆学习和理解学习的区别。

生成性学习模式作为一种学习和教学的功能模式，侧重于学习者理解概念的认知和神经过程，以及有助于提高理解的教学过程。模型指出，理解新概念的过程包括学习者主动产生两种有意义的关系：第一种有意义的关系是要学习的信息与学习者的知识和经验之间的关系（例如，在教学计划中，教师引导学习者将课堂上呈现的主题与他们以前的知识库相关联）；第二种有意义的关系是要学习的部分信息之间的关系（例如，在教学过程中，教师为学习者提供了大量的机会来生成他们自己的摘要、解释、类比等）。通过在阅读、经济学、科学、数学等科目中所进行的大量的教学实验，发现通过提高学习者主动理解的意识，促使他们通过有效的策略建立上述两类联系，可以明显地提高学习者的理解水平和对知识的灵活应用水平。

生成性学习模式是建立在神经研究基础上的。对大脑的神经研究为学习和教学的认知心理模式提供了丰富的研究成果信息，有效地运用它们，可使它们在教育上更加有用，如模型的两个注意成分（有意注意和无意注意）和动机成分反映了对注意中唤醒和激活的神经模型研究，与有关注意和动机的神经心理学和认知研究的临界闪烁频率。总之，生成性学习模式由与教学计划（即预先决策）和课堂教学（教师的交互决策）直接相关的4个功能认知过程构成，包括生成、动机/归因、注意和元认知。功能模型不是主要关注知识的结构属性，而是侧重于：① 学习过程，如注意力；② 动机过程，如归属和兴趣；③ 知识创造过程，如先入为主、概念和信念；④ 生成的过程，也是最重要的，包括类比、隐喻和总结等。

（2）生成性教学原则。

第一，学习者的知识、先入为主和经验对生成性教学的设计至关重要。

第二，摘要、类比和相关结构的生成。通过增加学习者对文本中的含义以及文本与学习者的知识和经验之间的关系的构建来发挥作用。有效地总结和相关的构建涉及学习者自己的词汇和经验。

第三，生成性教学活动引导学习者构建他们不会自发构建的相关表征。

第四，儿童从老师的精心教导和自己的生成学习中发展能力。儿童在进行生成学习之前，先从老师的精心设计中学习。

第五，根据学习者的背景知识、能力和学习策略，生成性教学可能是直接的，也可能是间接的、结构化的，也可能是不太好的。发现不是问题，问题是建立适当的关系。

（二）混合式学习的过程

混合式学习过程得到了各种学习理论的混合和折中观点的支持。人们对知识的观点决定所采用的方法。人们对知识有多种观点：知识是从外部获得的，知识是一个人的认知状态，知识是一个思想过程的结果，或者知识是社会性互动所建构的意义，知识是生成的。混合式学习提供在课堂内外使用多种学习或培训方法的结构化学习机会，那么关注的重点将放在内容结构、认知过程和协作活动上。混合式学习设计包括准备、实施和评价3 个阶段，在实施阶段还通过设计同步和异步活动来开发混合学习环境。在技术发展的基础上，混合式学习还为学习者自主、灵活和投入的学习构建混合式学习空间，不断协调面对面的课堂讲授与信息技术的关系，并通过一些支持教学、适合教学模式的任务、活动以及评价活动，为学习者营造一个非常有意义的课程环境完成教学任务。

1. 混合式学习的认识过程

现代教学论从对象性活动理论与意义活动理论的辩证统一出发，认为教学活动是以教与学之间的"对话"为基础，教师价值引导和学习者自主建构辩证统一的过程。混合式学习虽然强调学习者的自主学习活动，但对教师价值引导的重要性尤为重视。在混合式学习活动中，教与学的"对话"

与一般人和人之间的对话有所不同，它有明确的目标导向，有独特的育人功能，有鲜明的教育意义，这也决定了混合式学习活动与一般的人际互动活动是不同的。由此不难看出，在混合式学习活动中，教与学之间不仅存在着意义关系，而且存在着对象性关系。

2. 混合式学习的基本过程

混合式学习过程有四个基本环节：项目定义、项目设计、开发和测试、部署和管理。

（1）识别与定义学习需求。学习者的需求具有多样性，因此在混合式学习中需要对学习需求进行识别与定义。

（2）根据学习者的特征，制定学习计划和测量策略。学习者的特征包括多方面的内容，如学习风格、原有知识及技能结构、智力水平等，混合式学习需要根据学习者的特征，制定具有适应性的学习计划以及确定的测量策略。

（3）根据实施混合式学习的设施（环境），确定开发或选择学习内容。混合式学习基本形式是面对面与在线学习的混合，基本设施通常指实现在线学习的设施，由开展混合式学习的单位建设，还应考虑带宽、电脑的配置，学习管理系统的限制，时间的约束等。

（4）执行计划，跟踪过程，并对结果进行测量。该过程是混合式学习的最后阶段，主要是执行学习计划，跟踪学习过程，并对学习结果进行测量，以确定是否达到预期目标。

（三）混合式学习策略设计

混合式学习的特点决定了学习者对自己的学习过程和所使用的学习策略要有准确的认识和积极的调节。

1. 协作学习策略设计

在教与学的通用策略中，协作式教学策略作为其中最具代表性的形式，通过促进学习者之间的互动和合作，旨在提升整体学习效果和学习成果的质量。协作学习策略强调学习者通过讨论、互助等方式共同建构知识，从而不仅加深对学习主题的理解，还培养了学生的批判性思维和团队合作能力。

教师在协作学习过程中扮演着组织和引导的角色，通过提出具有争议性的问题，激发学生之间的讨论和思想碰撞。这种策略要求教师不直接告诉学生应该如何完成任务，而是鼓励他们自主探索和合作解决问题。同时，教师也需要及时评价学生在讨论中的表现，以便引导他们在讨论过程中不断改进和深化理解。

协作学习策略根据参与学习者的不同数量可以分为双人协作和小组协作两种形式。双人协作更侧重于学习伙伴之间的互动和相互学习，而小组协作则更注重团队合作和集体智慧的发挥。这些策略不仅能够有效地提高学生的学习动机和参与度，还能够促进他们在解决问题和应对挑战时的合作能力和解决能力的提升。

在在线学习环境中，协作学习策略的应用更为突出，通过论坛讨论、案例研究或文章评论等方式，学生可以在虚拟空间中进行深入交流和学习资源的分享。与传统面对面环境相比，在线学习环境为学生提供了更多的时间和空间进行反思和严谨的思考，同时也确保了每位学生都有平等的机会参与和贡献。案例研究尤其能够基于真实生活经验，帮助学生将理论知识与实际情境相结合，从而更加深入地理解和应用所学内容。

2. 生成性学习策略设计

生成性学习就是学习者在学习过程中通过适当的认知加工，生成信息的意义的过程，包括关注相关信息（即选择），在思维上将输入信息组织成连贯的认知结构（即组织），以及将认知结构彼此整合，并与从长期记忆中激活的相关先验知识整合（即整合）。在教学中，可以通过旨在设计学习过程中启动适当认知加工的教学方法，或者通过旨在教学生如何以及何时参与学习过程中需要适当认知加工的活动的学习策略，来促进生成性学习。同时要合理利用网络教学平台的记忆功能。网络学习的最大优势是它能永久记录思维，从而为反思和提高对探究过程的认识提供了机会。应该利用网络学习平台，让学习者通过讨论和合作活动来监控和管理他们的学习方法。

（1）维特罗克的促进意义生成的策略。生成性学习观基于这样一种理念，即从文本中学习既取决于呈现的内容，也取决于学习者在学习过程中的认知过程，在编码过程中，当学习者利用对事件和经历的记忆为文本构建意义时，阅读理解会变得更容易。生成性学习涉及将现有知识与新材料整合并对新材料进行精神重组的认知过程，阅读理解发生在读者建立起文本与其知识和经验之间的关系，以及文本不同部分之间的关系。生成性学习就是要训练学生对他们所阅读的东西产生一个类比或表象，如图形、图像、表格或图解等，以加强其深层理解。为了促进学生的理解，教师应该引导学生主动建构两类联系。

（2）菲奥里拉和迈耶的生成性学习策略。促进生成性学习有 8 种基于证据的学习投入策略，将学习投入定义为学习者与促进学习目标实现的教学环境之间有意义的心理互动。投入可以支持在新内容和先前知识之间/或在课程中的内容元素之间建立联系。为了帮助解释不同学习投入方式的好处，考虑两种形式：行为投入和心理投入。

行为投入指学习者在学习过程中采取的公开行动，这些行动可以是对学习材料的书面或口头总结，也可以是对难以理解部分的书面或口头解释。在网络学习环境中，行为投入的表现包括点击屏幕对象、参与在线讨论、在文本框中书写或下划线文字等操作，这些行为不仅是学习过程中的实际行动，也反映了学习者对学习内容的关注和参与程度。

心理投入主要指学习者在心理上对学习目标的关注和活动。心理投入涉及学习者对相关材料的注意力集中，将学习材料在心理上组织成连贯的结构，并将其与已有的先验知识相结合。心理投入不一定伴随着行为投入的表现，例如在阅读过程中，学习者可能仅仅通过心理上的注意力和认知加工来理解和消化信息，而不进行具体的行为操作，比如强调重要句子、做笔记或者与同事讨论相关概念。

生成性学习的概念对学习策略教学产生了重要影响。生成性学习策略包括用自己的语词总结材料、将文本翻译成空间表征、绘制与文本相对应的图画、想象与呈现的文本相对应的插图、对材料进行实践测试、对自己解释材料、对他人传授材料并表演材料。

（1）总结学习策略。该策略的核心在于学习者用自己的语言复述一堂课的主要思想。其理论基础在于鼓励学习者从一节课中筛选出最相关的材料，将这些材料组织成简洁明了的表达形式，并通过使用自己的语言将其与已有的知识相结合。关于其应用的边界条件，当学习者具备如何进行总结的准备，且课程内容不涉及复杂的空间关系时，总结策略可能最为有效。在实际应用中，总结可以作为一种笔记形式，用于从课文或课堂教学中学习。总体而言，相关文献为满足生成摘要的几个关键条件提供了支持。学习者必须具备必要的先验知识，才能有效地选择主要观点，建立它们之间的联系，并以自己的语言复述它们。对于本质上非空间性的学科领域，如社会科学和人文领域，以及叙事性内容，使用文字概括可能是最有益的。而对于空间性较强的学科，如化学，可能不太适合以口头和讲述的形式进行总结，空间表征（如图画）可能更为合适。简而言之，生成摘要的有效性在很大程度上取决于学习者的先验知识和将要学习的课程的主题领域。

总结也可以作为一种笔记策略，用于从讲座式教学或从讲述性的动画中学习。尽管总结是一种相对简单的学习策略，但是不同年级的学习者可能会从首次接受总结基本技巧的直接指导中受益。学习者可能需要练习从一节课中识别出相关的信息元素，将这些元素组合成一个连贯的结构，并用自己的语言简明扼要地阐述材料。一旦学习者发展出总结能力，教师就可以很容易地将总结融入课堂教学，学习者也可以在学习策略中灵活运用总结。如果学习者不能成功地从记忆中提取材料，那么获得某种形式的纠正反馈是很重要的。因此，在不存在学习材料的情况下进行总结，并允许学习者在生成总结后能够重新参考材料，可能会对他们有所帮助。

（2）思维导图学习策略。该策略要求学习者将文本内容转换为概念的空间排列，如概念图、知识地图或矩阵图形组织器。概念图是由包含表示关键概念的词语的节点（通常是椭圆或矩形）和连接节点并表示关键关系的连线（通常是沿着连线描述关系的词语）组成的空间阵列。知识地图是一种特殊的概念图，其中关系的种类限于对应于知识结构的基本类型，如层次结构（具有"部分"或"类型"链接）、链（具有"通向"链接）、簇（如"特征"或"证据"链接）。图形组织器是一种可由学习者自由控制、功能强大的可视化学习工具，它对应于特定的修辞结构，如比较和对比，被表示为矩阵，待比较元素在顶部列为列，而在其上进行比较的维度在左侧列为行。

就实际应用而言，制作概念图可以作为一种有效的学习策略，特别是对于能力较弱的学习者。然而，有效的制图策略需要广泛地培训，取决于学习者是否愿意做额外的工作，并且预先假定教材具有明确的底层结构。一个实际的问题是，制作思维导图是一个耗时的过程，因此学习者需要了解制作思维导图将如何提高他们的学习水平。例如，MindMapper 是一款专业的可视化概念图工具，可用于学习资源的混合管理和处理学习流程的智能化。它通过提供多种方式，将学习者思维中混乱的、琐碎的想法贯穿起来，帮助其整理思路，实现恰当的有机混合，将混合式学习的有机性形象地呈现给学习者，供其开展富有针对性、实效性、系统性的混合式学习。

（3）绘画学习策略。该策略用于要求学习者创建说明基于文本的课程内容的绘画。绘画学习策略包括确定要包含在插图中的组件，以及如何在空间上排列它们以显示它们的结构和因果关系。例如，学习者在阅读关于人类中枢神经系统如何工作的课程时，可以要求绘制一张与关于神经元如何与相邻神经元通信的文字相对应的图画。绘画学习的理论依据是，构建与文本相对应的插图的行为可以引发选择（学习者选择要包含的组件）、组织(学习者将组件排列在空间布局中)和整合(学习者将单词翻译成图片)的生成过程。绘画的目的是培养生成性加工,一些重要的边界条件是,当学习者接受关于绘制什么的指导时,当学习者使用绘制的部分插图以减少认知负荷时,或者当学习者被要求将其绘制与教师提供的绘制进行比较时,自己生成的绘制效果最强。

就实际应用而言,只要学习者在绘画方面得到适当的指导和支持,自创绘画可以成为学习用文字表达科学解释的有效学习策略。因此,要求学习者从教科书或课堂演示中为一小部分科学文本制作插图是有道理的。介绍一个科学系统是如何工作的,如神经系统是如何工作的,泵是如何工作的,板块构造是如何工作的,这些绘画应该是作为教学手段(显示元素之间的空间和因果联系),而不是艺术表现。在员工培训中,绘图策略可能有助于处理空间关系的主题,如排除电气原理图故障或了解设备的工作方式。

由于绘画对于一些学习者来说可能是一项枯燥而又令人困惑的活动,因此在如何生成绘画方面提供一些预加工,并在学习过程中提供什么样的绘画方面的明确指导是值得的。在某些情况下,可能提供部分完成的绘图,以便最大限度地减少多余的加工,同时留下足够的工作要做,以便学习者参与选择、组织和整合的生成过程。一种相关的方法是要求学习者将他们的插图与作者提供的插图进行比较,这种方法应该谨慎使用,因为它可能是一项耗时费力的活动。学习者可以从讨论中受益,在讨论中,他们将自己的绘画与其他学习者的绘画进行比较,以提高他们将绘画作为生成性学习策略的技能。另外,对于学习者来说,培养学习策略(如绘画)的有用性和生产性信念是有用的。绘画作为一种学习策略的研究有着悠久的历史,在适当的条件下,学习者生成的绘画可以帮助学习者更深入地学习科学文本,因此绘画在学习策略库中占有一席之地。

(4)想象学习策略。该策略发生在要求学习者形成说明课文内容的心理图像时。想象学习包括确定图像中包含哪些成分,以及如何在空间上排列它们以显示其结构和因果关系。例如,学习者在阅读关于人类呼吸系统如何工作的课程时，可以被要求形成与关于系统结构或过程的文本相对应的心理图像，想象作为一种学习策略的理论基础时，形成与文本相对应的心理图像的行为可以启动选择（学习者选择包含哪些成分）、组织（学习者以空间布局排列成分）和整合（学习者将单词翻译成图片）的生成过程。尽管想象的目的是培养生成性加工，但一个重要的考虑是学习者需要高水平的动机来坚持一项不需要公开活动的任务。就实际应用而言，只要学习者在想象方面得到适当的指导，并有足够的知识来完成任务，想象就可以成为绘画作为生成性学习策略的有力替代。

想象策略应该如何应用到真实的学习环境中，比如帮助学习者从教科书、网上课程或者面对面的演示中学习。将想象策略应用到一些日常学习情境中是有道理的，尤其是学习者通过阅读科学文本来学习科学系统，或者通过阅读手册或注释图表来学习如何执行程序的步骤。到目前为止，我们只知道在短课时使用想象可以在短期内有所帮助，所以最初应用想象策略的好处是短课时或长模块的一部分。应用想象策略应考虑 3 个重要因素，即需要提供训练、使用特定提示，以及确保学习者有足够的知识和熟练程度。

首先，学习者可能需要在如何为印刷（甚至口语）文本形成有用的心理图像方面进行明确的培训和练习，其中应该包括带反馈的练习；其次，学习者在学习过程中可能需要重点提示，指定要形成的图像的内容；最后，学习者需要有足够的课程知识和技能，这样想象任务就不会使工作记忆超负荷。

因此，当学习者刚刚开始一个陌生话题时，想象可能不是最好的选择。想象作为一种有用的学习策略还需要进一步努力解决四个问题：① 想象训练应该包括多少和什么样的活动；② 想象策略如何能够有效地应用于整个课程，而不是一两页的课程；③ 想象在面对面的展示中学习的效果如何；④ 空间能力和视觉化学习风格的个体差异发挥了什么作用。同样值得确定的是，想象的效果是否可以归因于增加的研究时间，可以通过加入与想象组研究相同时间的对照组。想象效果背后的一个重要和未被充分研究的因素涉及学习者形成图像的动机的作用。总体而言，想象策略具有改善学习的潜力，因此想象应该被纳入学习策略工具箱。

（5）自我测试学习策略。该策略发生在回答有关以前学习过的材料的实践问题，以加强长时学习时间。例如，学习者在读完教科书中的一章后，回答材料上的练习题，而不重新参考这章的内容。自我测试最有效的方式是涉及生成性测试，如自由回忆或暗示回忆，学习者反复参加实践测试，测试与纠正性反馈相结合，以及实践测试与最终测试之间的匹配比较紧密。测试可以广泛应用于学科领域和课程形式，包括从文本、多媒体和讲座中学习。总体而言，自我测试增强了对以前学习过的材料的长时回忆，这一点得到了有力的支持；然而，需要更多地来研究使用更复杂的学习材料（如科学过程如何运作）和更深层次的学习成果（如解决问题的迁移）进行自我测试的效果。

自我测试可以作为学习者在家中使用的学习策略，也可以作为教师在课堂上使用的教学策略，还可以作为 MOOC 或微课的学习过程中的策略。例如，学习者可能会受益于一些活动，如阅读教科书中的一章后回答练习题、解决练习数学问题和接受反馈，以及使用智能学习系统进行自我测试。这种技术的有效性取决于学习者的努力产生适当答案的程度。此外，教师还可以利用考试的学习优势，在课堂上或网上、课后或考试前进行低风险的练习测验。例如，有初步证据表明，课后通过远程学习者反应系统（即手持点击器）要求学习者回答课堂问题可以提高类似于新测试项目的考试成绩。反馈和讨论如何回答问题也可能有帮助。自我测试还可以应用于各种学习环境和学科领域，以实现各种学习目标。例如，测试可以帮助学习者获得新的词汇或从课文中回忆重要的事实；可以帮助学习者将知识应用到解决新问题上，如学习科学过程是如何工作的。总体而言，自我测试所需的认知活动应该与最终测试所需的认知活动相似。

（6）自我解释学习策略。该策略发生在学习者在学习过程中向自己解释课程内容时。例如，学习者可以阅读关于人体循环系统如何工作的课程，并生成注释，用自己的语言解释系统如何工作，包括当前阅读的信息如何与课程中的先前信息以及他们相关的先前知识相关。自我解释的理论基础是让学习者从课程中选择相关的信息元素，将其组织成连贯的心理模型，并将其与现有的心理模型联系起来。自我解释对于学习图表和概念材料，对于先验知识较低的学习者，以及对于自我解释侧重而不是一般的情况，可能是最有效的。在应用方面，自我解释策略适用于从文本、图表和实例中学习，也适用于从纸质和计算机课程中学习。学习者在阅读科学文本或研究代表复杂科学系统的图表时，可以使用自我解释作为学习策略。在学习解决数学问题时，他们也可能受益于向自己解释工作示例的解决步骤。

在基于计算机的环境中，添加更集中（而不是一般）的自我解释提示可能有助于学习者更好地识别材料和他们先前知识之间的差异。在某些情况下，甚至可以提示学习者从列表中选择解释。尽管研究证据表明，更集中的提示可能最有效，但还需要进一步研究，为如何在不同的学习环境中为不同的学习者提供最好的自我解释提示制定更精确的指导原则。有些学习者可能需要适度的显性训练来有效地产生自我解释。自我解释是一种可以学习的技能，可以大大提高学习者对课程的理解，但学习者在如何成为有效的自我解释者方面可能需要相当多的指导。

总之，生成自我解释需要学习者用自己的先验知识吸收新信息。这包括从所呈现的材料中产生推论，有助于学习者更好地监控自己的学习并构建准确的心理模型。现有的研究证据为自我解释对深度学习测量的影响提供了有力的支持。当从图表和工作实例中学习时，自我解释可能特别有效。此外，更专心集中的自我解释提示在基于计算机的学习环境中可能最有用，如教育游戏和模拟。总体而言，自我解释促进了深度学习所需的生成性加工，这一点得到了有力的支持。

（7）"教人"学习策略。通过"教人"来学习，就是通过把以前学过的材料教授给别人来提高自己对这些材料的理解。例如，学习者在阅读了科学文本后，可以通过向另一个学习者解释重要的概念来提高自己对材料的理解。先学习后教授给其他人的学习者在材料测试中的表现优于未教授的学习者。当学习者提出的解释涉及理解材料而不是简单地复述材料时，教学最有效。当学习者最初是为了以后的"教"而学习，当"教"包括与另一个学习者有意义的互动（如提供反馈和回答问题）时，通过"教"进行学习也更有效。通过"教"进行学习，可以应用于文本学习、多媒体学习、与基于计算机教学代理的交互，以及帮助学习者理解科学概念。它通常也是课堂活动的基本组成部分，如同伴辅导、合作学习和小组讨论。现有的"教"的学习实证研究虽然有一定的局限性，但还是表明了"教"是促进深入理解的一种有前途的学习策略。

通过"教"来学习，可以作为一种学习策略来帮助学习者理解学术材料，如科学过程是如何工作的或者如何解决复杂的问题。它的有效性可能并不取决于另一个人的存在，但是学习者可以从与他人的互动中受益，如回答指导问题，鼓励他们反思自己对材料的理解，或者观察他们使用材料的指导。因此，成功的同伴辅导可能需要接受如何提出有意义问题的培训。此外，当学习者真正进行教学时，特别是当他们在如何有效地准备教学方面得到指导和支持时，以期望教学的方式学习材料可能有助于提高解释的质量。通过"教"来学习，也可以应用于基于计算机的学习环境，如通过与计算机教学代理进行交互或在教育游戏中进行交互。基于技术的教学平台有潜力提供反馈和元认知支持，帮助学习者生成更好的解释。

（8）表演学习策略。表演学习涉及在学习过程中从事与任务相关的运动。例如，学习者可以在学习使用数学操作的同时执行相关手势，或者他们可以操纵物理或虚拟对象来理解文本段落或者理解抽象的数学或科学概念。表演学习的证据多少有些参差不齐。在边界条件方面，当学习者拥有较高的先验知识，并在将学术内容映射到任务相关动作方面获得足够的指导和实践时，表演学习的效果似乎最强。换句话说，学习者必须具备必要的技能或接受必要的指导，才能认识到物体和动作是如何与潜在的抽象原则相关联的。

表演学习法主要适用于帮助幼小的学习者理解句子和数学概念，只要他们有足够的教学指导和实践。提出了两种广泛的实施方法：手势学习和实物操作学习。在打手势的情况下，当孩子们被指示从事与解决数学问题有关的特定手势时，他们似乎受益匪浅。也就是说，手势教学可以作为学习者表达问题解决策略的一种辅助手段。指导实践的熟练学习者最有可能成功地认识到他们的行为与基本原则的关系，从而提高他们将这些知识应用到新情况中的能力。

表演学习的一个缺点是，它可能比其他生成学习策略需要更多的培训和指导实践，虽然这可能是由于其主要适用于年龄较小的儿童。表演学习策略在生成性学习策略中是独特的，它关注的是学习者身体的定位如何影响认知加工和学习。与其他生成学习策略一样，通过表演学习的价值取决于学习者如何能够运用策略来帮助构建与他们现有知识相适应的被学习材料有意义的表征。表演学习是教育研究者感兴趣的一个新兴领域，需要更多的工作来更好地理解在制定过程中涉及的认知过程，以及如何转化为特定的教育工作者的具体指导方针。总体而言，表演学习提供了一个有前途的学习策略，启动基础建设性的认知过程，在有意义的行动基础上学习材料。

表演学习的研究以早期认知发展理论为基础。儿童通过不同的表示信息的模式前进，从一种激活模式开始——在这种模式中，儿童使用动作来表示信息——然后发展图标和符号的表示模式。最近，表演学习常常是从自身认知理论的角度来讨论的，他们认为认知过程深深植根于身体与外部世界的交互。因此，认知表征被视为基于感知和行动的感觉运动模拟，而不仅仅是抽象符号的操纵。这种观点的一个教育含义是，一个人身体的定位可能会影响知识是如何表达和获得的。总的来说，手势和实物操作都是为了帮助学习者把要学习的信息映射到相关的感觉运动过程中，从而帮助理解。按照迈耶的多媒体学习理论，表演学习开始了选择、组织和整合的认知过程。选择阶段涉及确定要表演哪些学习材料信息，组织阶段涉及学习者构建基于行为一致性的所选信息的表征，整合阶段涉及学习者建立起相关行为表现和先前知识及经验的联系。因此，表演活动促进认知学习取决于学习者能够在多大程度上成功地形成符合他们现有知识的、基于行动的待学习材料的连贯表征。

（四）混合式学习的空间与社区

1. 混合式学习空间的相关界定

（1）空间。空间作为物质存在的客观形式，通过其长度、宽度和高度的表现，展示了物质存在的广延性和伸张性。在哲学和物理学上，空间被视为能够容纳物体的区域，其特征包括存在性、广延性、承载性和可操作性。这些特征不仅限于物理空间，还延伸到其他形式的空间，如心理空间或概念空间。学习者在学习过程中经常需要处理各种形式的空间，这些空间包括物理空间、心理空间以及虚拟空间。物理空间是日常生活中直接感知和操作的空间，它通过感官的接触和行动来理解和探索。心理空间则是个体内在思维和想象的空间，通过认知过程和概念映射来探索和理解。虚拟空间则是通过技术手段创造的，如虚拟现实环境，它为学习者提供了一种模拟和体验不同空间的方式。

空间的变化对学习者的学习具有重要影响，尽管这种影响是复杂且不完全清晰的。物理空间的布置和环境对学习者的注意力、情绪和行为产生显著影响，而心理空间中的概念映射和认知图景则影响学习者对知识的理解和整合。虚拟空间则通过其沉浸性和互动性，提供了一种全新的学习体验和实验平台。

（2）学习空间。"学习空间的兴起与人们对学习过程的理解变化、计算机网络通信技术在教育领域的广泛应用以及人们对非正式学习的重视密切相关。"[1]学习发生在一定的空间，空间变化对学习者学习有着重要影响，但这种影响是非常复杂和不清晰的。学习者学习方法的改变在很大程度上取决于学习者对空间利用的方式和程度。因此，空间如何影响学习者去改变学习方法，进而影响学习者的表现，仍然是实践中值得关注的重点内容。

第一，图书馆学视域。学习空间是一种高度整合的学习信息服务模式。图书馆学的相关研究历经从信息共享到学校共享空间，再到学习空间。学习空间是一个资源中心，它是包含丰富学习资源、支持学习者对知识信息的驾驭并以培养他们批判式思维和多样化读与写技能为目的的学习服务中心。学习者不仅能够咨询学习过程中的疑惑，而且也可与具有丰富专业知识的教授进行交流，最后成功地完成学习任务。它是一个从学习的社会和非正式维度设计的具有动态的、充满人文关怀的空间，提供统一便捷的服务，鼓励通过交流、讨论和协作来促进学习。无论学习空间在功能上如何先进、服务上如何完备，但只有真正提升学习者的自身能力，它才具备价值性。因此，学习空间必须不断改进以适应学习者不断变化的学习任务。

第二，教育信息化视角。学习空间是一种新的基础设施。学习空间不单强调学习由计算机及网络等信息技术的支撑所获得，更应该强调一系列项目和服务在学习任务中支持学习者。他将学习空间简称为一种新的基础设施，利用数字化学习环境围绕提高绩效而特别设计的服务组织和空间。作为一种教育信息化的空间实体，学习空间所涉及维度从印刷到数字化学习环境的调整，以及科学手段、服务功能以及学习者需求间的整合，它不仅仅要认识到满足学习者学习需求的关键性，更应该深知学习的本质即为改变。这些改变主要包括改变现有传统的教学手段和方法，创造性地提出能够具有改进教学促进学习的教学方法，加强教师与学习者以及学习者与学习者间的协作学习，以及认识到科学技术的进步是满足学习者需求、信息组织和传播的核心手段。因此，学习空间模式要求技术专家、教育者和

---

① 许亚锋，尹晗，张际平. 学习空间：概念内涵、研究现状与实践进展［J］. 现代远程教育研究，2015（3）：82-94＋112.

学习者共同努力，利用其专业素养帮助学习者管理信息知识，使他们的学习和研究能力得到最优化的发展。

由上述可知，学习空间与传统学习环境最重大而本质的区别在于，它高度重视学习资源、信息资源、技术资源、设备资源以及人力资源的无缝链接和集成，将学校的各个相关部门和机构都纳入学习空间的组织框架之中，在各种因素的共同支持下，为学习者的学习过程提供全面支助，是促进学习的虚实融合的一站式无缝学习场所。

尽管不同领域的学者对学习空间的概念作出了不同的解析，但我们仍可以从内涵、结构和功能以及服务与特征这三个方面对学习空间进行深度以及全方位的把握：① 从学习空间的内涵来看，学习空间是充分实现知识共享和知识创新无缝化信息环境，强调将传统印刷资源与数字化资源有效结合，成功地实现学习者信息需求和知识学习的一站式服务；② 从结构和动能角度看，具有聚集和共享新技术或获取和共享数字信息功能的实体和虚拟空间，是虚实融合的无缝学习场所；③ 从服务与特征来看，学习空间是一个不受时间、空间限制，提供更便捷、便利且专业的信息知识服务的综合性的信息服务平台。

（3）混合式学习空间。混合式学习空间的主要目标是通过各种有效手段对学习者群体的学习过程进行全方位的辅助和支持，因此可以从以下角度全面把握其概念内涵：

第一，综合印刷、媒体等多种信息资源，利用先进的技术手段，继承和发展信息共享空间开放获取、资源共享和空间整合的优势，建构具有"一站式"服务环境的网络学习空间，这体现了信息资源的集成特性。

第二，构建学习空间，强调协作交流对认知过程的重要性，并营造一种轻松、和谐和愉悦的学习氛围。所建构的学习空间能够支撑学习者学习、研究、交流、协作等活动，体现了学习的协作性。

第三，将传统课堂与网络学习空间融为一体，利用网络学习空间的优势，把信息资源、教学资源以及工具设备引入教学环境中，使教育者转变信息知识仅为单向传授的理念，主动为学习者提供信息知识获取的过程，教师可依据学习者的实际需求给予指导和帮助，从而提高学习者的信息素养，培养终身学习和知识创造的技能，体现了支持的完整性。

第四，混合式学习空间成为师生开展学习活动的场所，进一步满足了学习空间促进学习者学习的根本隐喻。同时，混合式学习方式接入了以数字为基本运行方式的虚拟环境，为数据收集、分析、理解和应用的大数据技术应用于支持学习者学习行为和偏好、改善学习模式、提供精准的学习支持服务提供了可能。

"构建混合式学习空间不仅顺应了'互联网+'时代的要求，打破了教师和学生的时间、空间限制，具备一定的研究先进性、开放性和扩展性，而且给学生提供了个性化学习指导，并能促进教师专业化发展、提升教育科研水平、实现教育公平和均衡发展，对未来课堂的发展具有一定的推动作用。"①

2. 混合式学习空间的主要类型

学习空间通常指整个学校的学习环境，主要研究如何改造学校的环境，以便适应学习者的学习需求。学习空间包括正式、非正式和虚拟三种，正式的学习空间主要有大礼堂、教室、实验室等，非正式的学习空间主要有休息室、户外学习区等，虚拟的学习空间主要有学习管理系统、社交网站或在线环境等教室处于各学习空间的中心。所有面对面的学习空间都应辅以各类小型网络学习空间以增强学习效果。

（1）个人学习空间。个人学习空间是为满足学习者独立自主学习需求而创设的相对安静且资源丰富的个体学习区域，强调学习者置身于不受外界干扰的学习空间内且学习者之间不需要交流，只需拥有安静的学习环境即可。它的优点是虽然该区域是处在开放性的空间中，但每个桌椅都是相互独立且桌椅之间的摆设不会相互干扰，为学习者提供了良好的独立学习

---

① 杜星月，李志河. 基于混合式学习的学习空间构建研究［J］. 现代教育技术，2016，26（6）：34-40.

环境。当学生拥有较强的自主学习能力以及知识建构能力时，若高校开辟这种学习区域，则师范生将能够在个体空间中进行独立思考、研究与总结，实现高效学习。个人学习空间由组织机构提供，但由个人控制，在他人指导与自主学习之间保持独特的平衡，以鼓励认知和情感的投入。独立、控制与投入是有效学习的关键因素。

（2）小组协作学习空间。小组协作学习空间主要指为以小组或团体形式的研究者及师范生提供专门的学术研究讨论或交流协作的自主学习活动空间。它的人数比较固定，一般为3～5人的小集体研讨会，形式也相对单一，多以相关专业领域的师范生对其专业方面的知识进行交流和沟通。但这种小集体形式的学习环境对私密性和公共性都有一定的要求，取决于该空间下物理资源设备的陈设和布置。

（3）开放式学习空间。开放式学习空间分布在具有公共且开放性的环境中，整体布局与封闭式的模式类似。在这个区域，师范生可以开展协同学习、交流学习等，它所营造的学习氛围相比封闭式空间更具有开放性。当所进行的学术研讨中，小组学习的活动内容并不需要在封闭的环境中进行，即活动主题的内容可公开，那么可以使用开放式学习空间进行协作学习。

3. 混合式学习空间的根本特征

混合式学习空间是信息技术与课堂教学密切作用而产生的新事物，它整合了多学科领域的研究成果，并对学习空间和信息共享空间进行了进一步的继承和发展，以教学、研究、管理与服务革新的目标为导向，提出了更加多样化的跨时空的协同学习与研究空间。因此，对于混合式学习空间根本特征的解析可以从以下三个方面进行阐述：

（1）混合式学习空间的核心观念是实现学习者之间的知识共享。所谓知识共享，是指个体知识、集体知识通过各种交流手段或方式为团队中其他成员所共享，同时通过知识创新，实现组织的知识增值。混合式空间利用创新型模式平台成功地将实体环境与虚拟空间进行有效结合，极大地支持了学习者小组或团队学习、协同合作开展知识创新。只有通过相互间的交流、学习、共享，知识才能得到积累与增值。知识共享的覆盖面越广，其利用与发展的效果就越佳。因此，成功地扩大知识共享的范围是实现知识经济时代学习者知识获取的重要保障。

信息化时代以技术手段为支撑的网络学习空间将"信息资源共享化"作为核心理念，它为广大学习者、研究者提供了一个实体环境与虚拟空间相交互的智能化学习空间，让他们充分接收具有针对性、科学性、实用性和冗余度低的教育资源，使其自主学习得到充分的发挥。集资源和服务于一体的动态协作式学习环境，用信息、知识为学习者学习和研究提供可以独立、自主和充分思考的机会，最大限度地激发出他们的创造力。

（2）混合式学习空间的重要特征即支撑协作式学习的开展。相对于传统的教室和多媒体学习环境，以信息技术作为认知工具的混合式学习空间更加强调协作式学习的重要性。协作式学习是为达到小组学习目标而开展的对话、协商、讨论等形式的活动，是获得达到学习目标的最佳途径。它既包括学习者之间互动交流、研讨等活动，也包括学习者与教师之间的相互协同。信息、媒体技术在学习者的学习过程中扮演着非常重要的角色，它们不仅使师范生可借助网络通信工具实现相互之间的交流，参加各种类型的对话、协商、讨论活动，而且可以不受时间和空间的限制为师范生提供指引和帮助，为其解答学习过程中的疑难问题，以培养他们独立思考、求异思维、创新能力和团队合作精神。混合式学习空间为学习者组成团队进行协作学习提供了方便条件。

首先，它扩大了学习者的范围，不局限在班级或熟悉的群体中，使具有不同文化背景、专业领域、学习经验的学习者进行协作，从中获得多方面的收获。

其次，网络技术、数据库和人工智能技术支持的学习环境，拥有丰富的资源、各种辅助工具和学习策略支持，使协作学习能够得以顺利进行。

同时，协作可分为同步和异步，使学习更加灵活。

（3）混合式学习空间的空间布局满足小组活动的开展。与传统的教学和学习环境相比，数字化学习空间在空间设计与布局上最大的不同就是支撑各种小组活动的开展。学习者可依据小组或团队的研究主题对空间的格局做相应的调整，让各种资源设施最大限度地发挥其作用并有效地支持小组学习活动。例如，在国外大多数高校的数字化学习空间所提供的学习、研究室都具有灵活多变、样式各异且可调整的功能，以此来满足不同学习者或团队的需求。同时在这些学习室里还配备有计算机、多媒体、投影仪和电子白板等具备可移动、可调节的资源设备，以满足不同学习者或团队的个性化需求。

4. 混合式学习空间的模型构建

（1）混合式学习空间的结构模型。混合式学习空间作为一种综合性服务环境，旨在满足用户对学习空间、资源和服务的多元化需求。在校园环境中，学习空间不仅是物理实体，更是教育文化和技术设计的交汇点，通过校园整体环境和各类建筑场所的组成，承载着特定的校园文化和教育理念。学习空间的重要性在于它不仅提供了学术活动的场所，还促进了教育过程中学生和教师的交流与互动。

混合式学习空间的设计超越了传统的学习环境限制，以两大基石和三大层次为基础架构，结合了现实和虚拟空间的特征，实现了教学与学习之间的有机融合。这种融合通过技术手段构建了一个循环结构，有效推动了教育教学方法的创新与发展。其结构模型主要分为物理层、虚拟层和服务层三个层次，涵盖了空间、资源和服务这三个基本要素的综合整合。物理层作为底层提供了多样化的学习空间，包括个人学习空间和团体协作空间等，满足不同学习需求和学习风格。

资源空间则侧重于为用户提供丰富的信息、设备技术和人力资源支持，以及联合咨询和一站式服务等，从而增强了学习空间的功能性和实用性。

混合式学习空间的设计理念在于通过整合现实和虚拟空间的优势，为教育和学术活动提供了多维度的支持和创新可能性。这种空间模型不仅扩展了传统学习环境的边界，还提升了教育体验的深度和广度，为学习者和教育者提供了更加开放和富有成效的学术交流平台。

第一，物理层。物理层是构成混合式学习空间的基本条件，它包括信息基础设施和物质空间载体两方面。物理层是混合式学习空间的实体表示形式，是传统硬件设施与信息化资源配置集成的空间，为学习者提供了必要的资源设施和空间以满足其学习和交流。它主要由实体空间、硬件设备和服务设施 3 个部分构成，并以实体空间为基础，将硬件设备和服务设施作为支撑。实体空间包括个人学习空间、小组协作学习空间、多功能教室、休闲区等；硬件设备包括计算机、网络、无线网卡等设备；服务设施包括信息咨询服务台、障碍辅助设施等。物理层关注的焦点是基于硬件资源所创设的环境能够满足学习者需求，它不仅包括学习空间的整体设计和布局，同时还强调交流、学习、研究和协作功能的发挥。因此，实体层遵循"因需而变"的原则，空间内部结构元素根据学习者的需求以及目标而做出相应的改变。

第二，虚拟层。虚拟层构成了学习者进行学术活动的重要虚拟空间和资源聚集平台。在这一层次中，学习者通过各种网络资源和服务平台进行知识获取、交流和共享。虚拟层的核心组成包括虚拟空间、信息资源和网络软件及设施，这些元素共同构筑了学习者在网络环境中的学习体验和学习效果。

虚拟空间作为虚拟层的基础，涵盖了多种社会网络空间和专业学习社区。这些虚拟环境不仅为学习者提供了与同行交流和合作的平台，还促进了跨文化、跨地域的学术互动。学习者可以在虚拟实践社区中模拟实际工作场景，通过合作解决问题，增强学习的实用性和互动性。

信息资源在虚拟层中占据重要地位，包括数字图书馆资源、网络课程、MOOC（大规模开放在线课程）等。这些资源不仅丰富了学习者的学习内容，还通过网络平台实现了信息的便捷获取和传播。通过网络课件和精品课程，学习者可以灵活选择学习路径和时间，提高学习效率和个性化学习体验。

网络软件及设施作为虚拟层的支持系统，包括网络教学软件、多媒体工具和办公软件等。这些工具和设施不仅提供了信息处理和交流的技术支持，还为学习者提供了多样化的学习方式和互动机会。通过多媒体软件和交互式工具，学习者能够在虚拟空间中进行实时互动和协作，促进了知识的共建和深化。

第三，服务层。服务层是支持整个学习过程的关键因素，涵盖了社会、政治和文化等多维度的人际范畴。服务层的主要功能在于塑造和维持学习的良好氛围与规范，促进学习者在混合式学习环境中的有效交流和协作。

服务层通过形成特定的学习氛围和学习态度，帮助学习者在学术交流和合作中建立信任和尊重。这种氛围的形成并非偶然，而是通过制定合适的规则制度和教学策略来实现的。良好的规范环境不仅有助于减少学习者的行为偏差，还能够激发他们的学习动机，使学习过程更加持久和有效。

服务层作为一种隐性的环境因素，反映了团队成员在学术交流和合作中共同的心理状态和文化认同。在这种共同倾向的影响下，学习者更容易形成共识和协作，共同追求学术和个人目标。服务层所提供的学习约束机制和道德规范机制，为学术交流和创意共享提供了必要的框架和支持，有助于形成和谐、生动、积极的学习氛围。

（2）混合式学习空间的功能模型。个人空间和机构空间在混合式学习环境中扮演着重要角色，它们不仅是学习和工作的场所，更是支持各类应用服务和资源管理的关键枢纽。个人空间作为具有个性化特征的工作与学习场所，为个体提供了独立管理和调用资源的平台。在这个空间内，个体可以根据自己的需求和角色定位，使用各类应用服务进行资源管理、教学管理、交流互动和信息查询等活动。相比之下，机构空间包括了更广泛的范围，例如班级空间、学校空间以及更大的区域空间，它们能够调用公共应用服务，支持成员管理、生成性资源管理、信息发布、活动组织和活动分析等功能。机构空间的设计目的在于为集体提供协作和管理的平台，通过共享资源和信息，促进学校内部各个成员的互动与合作。

公共应用服务在个人空间和机构空间中发挥着重要作用，这些服务包括资源共享、教学支持、学习交互和决策评估等功能。特别是数据分析服务，利用用户的基础数据和空间行为数据，为个性化资源推送、学习分析与诊断、精细化管理和科学决策提供支持。这些服务不仅丰富了学习和教学的方式，也提升了管理和决策的科学性和效率。

第一，教学功能。由国家层次上的信息化技术手段为支撑的基础设施与本地层次上的硬件设施整合而成的基础结构，为我们提供了一个可进行大规模教育教学研究和实践的模式平台。借助于硬件设备、信息资源等，学习者不仅能够接触纷繁复杂的实体或虚拟空间，不受时空限制地获取各式各样且具有实时性的信息资源，而且还可参与该学习空间所开设的各种学习活动，包括虚拟社区教学活动、在线讨论交流等，同时教师可以及时并完整地接收学习者的反馈，以便于准确地对学习者的学习活动、进程和结果进行有效的评估。

利用信息技术基础设施平台，可将零散的信息资源、学科专家、教育学者和学习者联结起来共同构建一个集资源和专家于一体的全球性网络空间，不仅能够使学习者更加便利地获取各类学习资源，从实践中得到具有针对性的帮助，而且还可以依据学习需求自主地选择网络在线课程或活动实现隐性学习经验的显性化。对于教师，则可通过媒体和信息技术手段及时且准时地评估学习者的学习过程和结果，以便于对其进行科学有效的分析，从而改进和提升教学绩效。

第二，交互协作功能。在混合式学习环境中，交互协作为学习者与教育者之间的有效沟通和合作提供了强大的支持。教育本质上是一种共同的精神建构过程，依赖于人与人之间的思想交流、理解和沟通。随着网络通信技术的发展，计算机媒介沟通工具成为了促进这些交互活动的重要手段。

　　在混合式学习中，交互协作环境通过各种计算机媒介沟通工具，如网上聊天室、视频会议等，极大地扩展了参与交流的人员范围和沟通的广度。学习者可以与教师、同学、专家等进行跨越时空的实时交流，这种交互不仅促进了知识的传递和理解，也拓展了学习者的视野和思维广度。通过这些工具，教育者能够便捷地为学生提供学习指导和评价，引导学生掌握正确的学习方法和利用信息资源的策略，从而激励学习者积极参与网络教育的过程。此外，交互协作环境不仅支持同步交互，使学习者能够即时地与他人进行交流和讨论，还支持异步交互，允许学习者在更深入地反思和准备后进行发言。这种灵活性有助于在学术和专业社区中进行更为深入和有意义的讨论和研讨，推动知识的深度挖掘和共同构建。

　　因此，交互协作功能不仅仅是传统教育的延伸，更是混合式学习模式中不可或缺的一部分。通过有效的交互协作，学习者不仅能够获得更多的学术支持和学习资源，还能够培养批判性思维、合作精神和创新能力，从而更好地适应和应对现代社会复杂的挑战和需求。交互协作环境的发展和应用，将继续推动混合式学习环境的进一步优化和创新，为教育教学带来新的可能性和机遇。

　　第三，管理监控功能。混合式学习环境中的管理监控功能是确保学习者学习效果和学习过程顺利进行的关键支持系统。管理监控环境通过多种技术工具和平台，对学习者的学习活动进行全面地规划、收集、跟踪和评估，从而有效地管理和监控学习过程。传统的学习环境中，教师主要依靠人工方式来监控学习活动，这种监控通常是外部性的，侧重于课堂表现和作业评定。然而，在混合式学习环境中，随着学习管理系统、电子学档、计算机辅助测验等新技术的广泛应用，管理监控功能得以进一步强化和精细化。这些技术工具能够实时地收集和分析学习者的学习数据，为教育者提供全面的学习情况反馈和建议，从而促进学习者的自我规划、自我检视和自我调节能力的发展。

　　第四，评价激励功能。对于处在分离状态下的学习者来说，良好的评价激励环境具有不同的寻常意义。对于混合式学习的评价，除了对学习者的阶段性成果做出评价，更主要的是要不断地为学习者在混合式平台上的自主学习提供指导性的、方向性的意见或建议，从而不断激励学习者的学习信心和热情。

5. 混合式学习空间的模式架构

（1）混合式学习空间的开发模式。随着学习者需求的不断提升，混合式学习空间必须以其独特的优势、全新的模式以及便利的服务为学习者打造一个智能化、多功能且满足学习者需求的学习空间。因此，学习空间模式的选择与开发作为建构混合式学习空间的重要环节，不仅关系着空间开发的组织方式和采用的开发模型，同时也对日后学习空间的功能性和实用性产生影响。目前，混合式学习空间的开发模式主要存在三种：

第一，据点式开发模式。据点式开发模式基于经济学领域中的极理论，通过对原有资源匮乏和技术落后的区域提供指引和辅助增长极来带动该区域发展的一种空间开放模式。它的核心思想是不改变原有的空间模型，利用现有资源集中建设，不断地完善和改进原有空间，使构建后的模式满足学习者需求。据点式开发模式以学习空间信息资源、硬件设备以及师生需求的实际情况为依据，并在此基础上确定学习空间的结构与功能，将空间的功能建设建立在原有的模型基础上。利用这种模式开发的学习空间能够更好地利用原有的资源与技术优势，使所构建空间具有较强的突出性。

据点式开发模式的优势主要包括：① 风险小。它的核心理念是利用现有资源和技术设计和完善原有的模型，不仅减少了投资的风险，而且提高了空间的实用性和功能性。② 投资少。由于前期的准备工作已将实施方案、成本计划等做了合理的规划和制订，因此在后期筹备实施时就能够有效地节约工程项目的开支。③ 缩短开发周期，提高工作进程。这种开发的模式对数字化学习空间的建设在整体上已有了全面的了解和把握，并对其建设达成了一致，主要的工作是将现有资源集中于空间的建设，而不必考虑建设过程中的不可控因素。因此，该模式能够更好地缩短开发周期，加快工作进程。④ 适用于资源匮乏和技术落后的区域。

据点式开发模式的缺点主要包括：① 原有空间模型的不确定性。由于该开发模式主要是基于原有空间而设计，因此原有空间的模型就易给后期的开发造成不可估量的隐患。② 学习空间的功能性难以满足日益增长的需求。信息化时代，学习者的需求发生了翻天覆地的变化，传统模式下的学习环境或空间已经不能满足学习者与日增长的需求。因此，这种在开发前期已建立好结构模型的据点式开发模式就难以做到与时俱进，致使学习者的需求无法满足。

第二，点轴式开发模式。点轴式开发模式同据点式开发模式类似，最早运用于经济领域，后扩展到学习空间建设领域。它是增长极理论的继承和发展，其核心思想是借助据点式开发模式，不断地吸收各种信息资源、信息与媒体技术、学科专家、硬件设备等，利用其自身模式的特性不断地发展和扩充，并将相互之间具有关联的学习空间通过信息间传递的模式联结起来。而这种联结的轴线就构成了物理与物理空间、物理与虚拟空间以及虚拟与虚拟空间的枢纽，当枢纽所联结的空间吸收和容纳的各种资源或空间区域已足够大时，它将会把内部的资源逐步地扩散和转移到周边或邻近区域，从而使原有的学习空间产生一种扩散效应，并利用其优势和特性形成一种扩大式的学习中心。例如，走廊、桌椅等都属于原有学习空间的外延学习空间。当然随着网络技术的发展，这种外延学习空间的形式更加多样化，新的模式平台可以借助通信技术的手段成功地实现实体与虚拟空间的融合。

点轴式开发模式的两大影响——极化作用和扩散效应——都在一定程度上作用于数字化学习空间。极化作用简而言之，是增长极周边或邻近区域的资源不断地向增长极集中、靠拢，使中心的学习空间的规模、信息量和基础设施不断壮大，即能够吸引周边要素向增长极集中的行为。但极化作用不会永久性发生，这主要是由于带动学习空间之间发生相互关联的枢纽，即信息的传递渠道是一个双向流动的过程，它将各个学习空间的信息资源、科学技术、学科专家等不断地进行交互与传递，使增长极内部的资源在不断吸收的同时也扩展到周边空间，以带动周边领域的发展。点轴式开发模式最终希望形成一个由功能各异、形式多样的学习空间和空间之间产生联结的枢纽组成的数字化学习空间。

第三，网络式开发模式。网络式开发模式是点轴式开发模式的进一步延伸，是其点轴渐进扩散的结果。该模式的核心观点是点轴式学习空间发展到一定阶段，增长极的影响范围在不断扩大，大多数的学习空间已形成了较为完善的结构体系，即具备丰富的信息资源、科学技术、硬件设备、学科专家等要素，若在此基础上进行网络开发不仅能够加强增长极与整个空间之间信息交互的广度、密度和深度，而且借助网络的优势能够增强外延学习空间的发展，促使增长极空间与周边空间的信息资源进行合理化的配置和组合，从而扩大学习空间内部的发展。

不同于点轴式开发模式强调以增长极空间发展为核心，网络式开发模式更注重学习空间的均衡分散发展，不断地将增长极空间的要素向周边扩散，以缩短网状空间内各学习空间的差距。因此，网络式开发模式一般适用于资金雄厚、技术先进、物资丰厚的区域，它不仅能够借助现有资源对原有的学习空间进行改造、更新，而且利用网络模式的优势加强点、面之间的信息交互，使其他空间也得到发展。正是由于网络式开发模式的核心理念是推进学习空间一体化发展，因此数字化学习空间在结构上总呈现一种网状分布的形态。这是一个纵横交错地利用各个结点将各个空间的资源链接成一个结构完整、功能多样的体系结构，并通过技术和信息间的传递成功实现数字化学习空间的均衡化发展。

（2）混合式学习空间的体系结构。混合式学习空间的设计要满足学习者的需求，要综合考虑技术的最新发展，要将学习方式和教学方式相结合。众所周知，学习空间作为一种信息资源，技术和服务整合在同一平台模式，竭力为学习者提供信息需求和知识学习的信息服务平台，其空间体系结构的构建可以从空间、资源和运行机制三方面进行系统化的探究。

第一，学习空间的空间建设。物理空间的构建与布局是信息共享空间开展服务的平台。对于物理空间的规划，主要具备的内容包括：① 信息咨询服务台，一般位于学习空间主体楼层的核心区，提供专业参考咨询助理以及具备技术技能专员等；② 个人学习空间，包括电子阅览式和传统资料阅读式，提供个人学习所需要的空间和软硬件资源，如配备有桌椅、书架、计算机、分布式打印、无线网络、电源等设施；③ 小组协作空间，提供研究课题以及学习讨论所需的会议室以及相应的软件资源和硬件设备，如计算机、投影仪、放映机等；④ 开放式学习空间，为方便小规模的学生学习和讨论或课题的培训等提供更为开阔和开放的电子阅览室；⑤ 休闲娱乐区域，集休闲和学习于一体，配备能够舒缓学生压力的设备，如沙发和茶几、饮料和食品等，使学习者在自主学习或协作学习的同时始终能够保持愉悦、舒畅的心情。

第二，学习空间的资源。学习空间的资源包括两个方面：

信息资源库建设和网站建设。信息资源库的建设包括传统的文献信息资源和数字化资源索引数据库的建立，以及网络资源指引库的整合和管理。这些资源的建设不仅是简单地收集和存储信息，更要保证其可以通过检索工具进行高效地获取和利用，为学习者提供多样化、有价值的学习资料。在网站建设方面，主页、功能设计和栏目导航的设置显得尤为关键。为了满足学习者主要采用网络学习方式的需求，网站需要具备清晰的功能板块，如网络学习模块、资源库和咨询服务模块。网络学习模块提供了必要的教学课程、学习软件和教案课件等学习资料，为学习者提供了学习的基础工具和资源支持。而资源库则集成了各个学科领域的信息资源，通过统一的检索工具实现了本地资源和外部信息的一站式管理和检索，极大地方便了学习者的信息获取和利用。

学习空间的人力资源。学习空间的成功运作离不开人力资源的充分配合和支持。一个多功能的学习空间需要专家和专业技术人员的积极参与和协作。参考咨询专家负责提供各类专业技能的指导和支持，帮助学习者解决学习中遇到的问题和困难；计算机咨询专家则负责确保学习空间的硬件设施和网络系统的正常运行，为学习者提供稳定的技术支持和服务；在线学科专家则通过网络技术组建专业学科导航系统平台，与学习者互动并提供针对性的学科辅导和解答，促进学习者在学科领域的深入理解和学习能力的提升。

第三，学习空间的运行机制。学习空间的运行机制是保障学习者获取有效信息和技术支持的重要系统。根据给定材料，学习空间的内部机制通常包括信息咨询服务台、内围支持层和外围支持层三个主要组成部分。

信息咨询服务台作为学习空间运行的核心，承担着为学习者提供信息指导和技术支持的重要职责。这个部门由参考咨询馆员、计算机技术专家和多媒体专家组成，他们的主要任务是根据学习者的需求，提供精确和及时的咨询服务。参考咨询馆员负责提供各类学术和技术指导，帮助学习者解决学习中遇到的各种问题；计算机技术专家则确保学习空间的网络和软件系统的正常运行，为学习者提供稳定和高效的技术支持；多媒体专家则负责多媒体设备和资源的管理和维护，保障多媒体教学环境的顺利进行。

内围支持层是学习空间内部的具体部门组织。这些部门包括信息咨询部、技术部、参考服务部、教育指导部和管理协调部等，他们协同工作，为信息咨询服务台提供支持和配合。信息咨询部门负责管理和处理学习者提出的各类咨询问题；技术部门负责学习空间的技术设施和网络设备的维护和更新；参考服务部门则提供学科和职业方面的参考服务；教育指导部门则负责学习者的教育辅导和学习计划的制订；管理协调部门则协调和管理学习空间内部的各项工作，确保运行的高效和有序。

外围支持层是学习空间外部的相关部门或机构。这些部门主要负责提供学校内外各院系和相关单位的信息资源、智力资源和技术支持。外围支持层的任务是将信息咨询服务台接收到的各类问题分派给相关部门和机构进行处理，并将解答后的结果反馈到信息咨询服务台，最终传递给学习者。

这些部门和机构不仅包括学校内部各院系的师资力量和教学设施，还包括外部的智力和技术支持，通过他们的协作，学习空间能够为学习者提供全面和专业的学习支持。

（五）计算机基础课程中的混合式学习

混合式学习作为教育领域的一种创新教学模式，结合了传统教学与现代科技手段，旨在优化教学效果和学习体验。通过学校网络教学平台，教师可以上传各类学习资源，供学生根据自身需求和兴趣选择学习内容，从而实现资源共享和个性化学习。这种教学模式不仅使得学生能够根据自己的学习能力和兴趣进行灵活选择，巩固基础或拓展知识，还通过网络工具如 QQ、邮箱和网络教学平台，打破了传统教学中时间和空间的限制，促进了师生和同学之间的有效交流与互动。

在现代信息化教育快速发展的背景下，传统的教室和讲台依然扮演着重要角色，但仅仅依靠有限的课堂时间无法满足学生对知识广度和深度的需求。每位教师的教学能力和知识面有其局限性，而混合式学习通过引入多样化的学习资源和技术工具，弥补了传统教学模式的不足。学生可以通过网络平台获取丰富的学习资源，包括课件、多媒体资料、在线课程等，这些资源不仅覆盖了教科书之外的知识领域，还为学生提供了与时俱进的学习机会。此外，混合式学习的优势还在于其强调个性化学习和自主学习能力的培养。学生可以根据自身学习进度和兴趣选择学习内容和学习方式，从而提高学习的效率和质量。通过网络交流工具，学生能够与老师和同学进行即时互动和学习经验分享，促进了学术思想的交流和学习氛围的建设。

1. 教学模式

教学设计是教育者根据教育要求、课程任务、学习者需求和特点等要素对教学环节进行系统设计，如对教学目标、方法、评估、手段等进行系统设计。优秀的教学设计能够保证教学质量，保证教学环节的顺利进行，使学生的学习效率能够提高，在最短的时间内学到最多的知识。

教学设计模式可以直接来源于教学实践经验的总结，也可以先提出假设，再结合理论指导，进行实践研究，逐步改善并完成。教学模式可归属于三大类：

（1）以课堂为中心的模式，强调教师如何充分利用现有的教学条件和资源，以提高教学质量为目标。在这种模式下，教师需要自主探索和研究教学方法，将学习者的需求和学习目标置于教学设计的核心位置，例如肯普模式就是一种典型的例子。肯普模式注重根据学习者的需求进行教学设计，通过有效的教学策略和资源配置，提升学习者的参与度和学习成效。

（2）以产品为中心的模式，以产品为中心的教学模式将整个教学过程设计为多个活动阶段，并详细规划每个活动的输入、输出和评价，确保活动之间有机衔接，结构严谨。这种模式强调教学活动的连贯性和系统性，通过清晰的活动设计和评估机制，有效地推动学习过程的深入和持续发展。

（3）以系统为中心的模式，以系统为中心的教学模式以"问题—解决"的思路为导向，强调前期的分析和规划是教学设计的关键。这种模式通常需要教师和教育团队的密切合作，投入较大的人力和物力资源，确保教学目标的有效实现和学习过程的顺利展开。

在混合式学习引入国内教育实践后，教育界展开了深入的研究和探索，取得了显著成果。混合学习不仅丰富了课堂教学的形式和内容，还通过有效调动学习者的积极性和参与度，培养了学生的综合能力和创新思维。特别是在克服传统课堂时间和空间限制的同时，为学生和教师提供了随时随地的学习交流平台，促进了个性化学习和自主学习的实施。何克抗教授提出的双主教学设计模式，"主导—主体"教学设计，进一步优化了混合式学习的教学效果。这种模式强调教师在教学过程中的主导作用，同时重视学生的主体地位，通过有效的课程设计和教学实施，达到了教学个性化和高效率的目标。

2．教学过程

下面以计算机软件技术基础课程的课程性质和内容分析，学习者特征分析，教学现状分析为基础，将传统课堂和混合式学习的教学模式与教学设计过程的一般模式结合起来，在教学过程中融入了协作学习和自主探究学习等学习方式。设计了计算机软件技术基础的混合式学习教学模式，如图 5-1 所示。

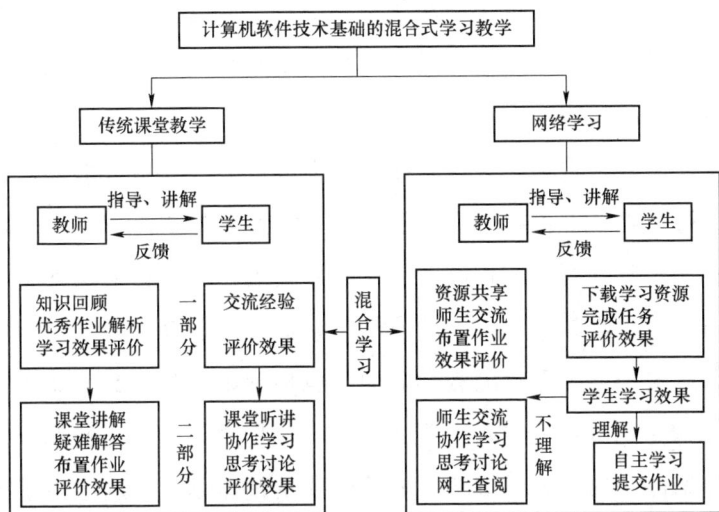

图 5-1　计算机软件技术基础混合式学习教学模式

上述教学模式主要由传统课堂教学和混合式学习两大块组成。传统课堂教学又分为两部分，第一部分是针对上次课程老师布置了作业，学生通过网络提交了作业，老师批阅后可在课堂上进行的教学活动，若是上次课程老师没有布置作业，可直接从第二部分开始课堂教学活动。混合式学习部分，老师将课件、教案、软件安装包等学习资源共享到学校网络教学平台上，供学生下载和学习，并与学生交流，对学生提出的疑难进行解答。

（1）教学目标。教学目标作为混合式教学模式中的核心元素，对于教学活动的开展至关重要。教师们在设定教学目标时，需综合考虑教材内容的完整性、学科的特性、学习者的需求和特点。特别是在计算机软件技术这类技术密集型课程中，教学目标的设定不必受限于教材编排的章节顺序，可以根据具体内容特征和学生的学习需求适度调整。这种灵活性有助于激发学生的学习积极性，培养他们良好的学习习惯和深入思考的能力，推动他们在学习过程中进行探索和自主创新。每个教材章节的教学目标都需要根据具体内容进行精确调节，以确保学生的学习成果能够达到社会实际需求的水平。对于较为复杂或难以掌握的教学内容，教师可以将其拆分为多个小模块进行教学，先达成小模块的教学目标，再逐步推进至整体目标的实现。这种分阶段、循序渐进的教学方法，能够有效降低学习难度，增强学生的学习信心和理解能力。

（2）教学任务。教学任务作为课程教学设计的重要组成部分，对于教师而言，是确保学生能够全面掌握必要知识和技能的关键。在本门课程中，教师面临着课堂时间有限的挑战，因此需要通过精心设计的课外学习活动和小组协作学习来弥补课堂时间的不足，确保学生能够深入理解和巩固所学内容。每周安排三个课时的教学时间，包括理论课时 42 节和实验课时 12 节，共计 54 节课时。这种分配旨在充分利用理论授课与实践操作的结合，通过理论课时的系统讲解和实验课时的实践操作，帮助学生掌握开发应用软件所需的基本软件知识。理论课时不仅注重知识传授，还强调学生的理解和思维能力的培养；实验课时则着重于学生的动手实践和应用能力的训练，以确保理论与实践相结合，达到知识与能力的双重提升。

（3）教学材料。

第一，教材、参考书以及杂志报纸。广义上，教材包括所有教学过程中使用的学习资源，如教师编写的讲义、补充资料、练习册等，这些资源旨在支持学生的学习过程，促进他们的知识掌握和能力发展。而狭义上的教材则专指教科书，它们通常遵循课程大纲和教学标准，具备系统完整的知识结构，为学生提供学习的主要内容框架。教师在选择教材时，需要考虑教学目标、学生的学习需求以及教学实际情况，灵活运用不同类型的教材，以达到最佳的教学效果。

随着互联网技术的发展，网络资源在教学中的应用日益广泛和重要。互联网为教师和学生提供了无限的信息资源，如电子图书馆、学术期刊、在线教育平台等，这些资源不仅扩展了教学内容的广度和深度，还为学生提供了更多自主学习的机会。通过合理利用网络资源，教师能够丰富教学内容，增强教学的多样性和灵活性，从而更好地满足学生个性化的学习需求。

在混合式教学模式中，教师可以结合传统教材和网络资源，设计多样化的教学活动。例如，利用教科书作为主要的理论依据，配合网络资源进行案例分析、实时数据获取等实践活动，以增强学生的实际操作能力和问题解决能力。同时，教师还可以借助网络资源扩展教学内容，引入最新的研究成果和行业动态，使教学内容更贴近现实应用和社会需求。

除了教材和网络资源的整合运用，教师在教学设计中还需关注教学方法和学习策略的选择。通过开放式教学和互动式学习，教师能够激发学生的学习兴趣和参与度，培养其自主学习和团队合作的能力。教师在教学过程中不断调整和优化教学策略，以适应不同学生的学习风格和学习能力，促进他们全面发展。

第二，网络资源。网络技术发展飞快，互联网已经深入到我们办公、学习、生活中，网络承载着巨大的信息量，若不将互联网庞大的资源共享利用到教学中，便是资源浪费。次熟练掌握电子图书馆、学校网络教学平台的使用是非常有必要的。

（4）教学方法。教学方法不仅包含教师的教学方法，还涉及学生的学习方法。有效的教学方法需要根据学生的学习特点和需求进行设计，以确保教学任务的顺利完成。教学方法必须服务于教学目标和教学任务的要求，在现代科技不断发展的今天，教学方法也在随之变化和演进。现代教育技术的发展，如手机学习 App、网络学习平台、贴吧、论坛等，为教师和学生提供了丰富的教学资源和学习工具。教师在一堂课中涉及的知识点很多，需要灵活运用多种教学方法，以确保学生能够深入理解和掌握知识。

在教学过程中，教师不仅要注重知识的传授，还要关注学生的理解和应用能力。因此，教师应当采用多样化的教学方法，包括讲授法、讨论法、探究法和项目学习法等。讲授法适用于理论知识的传授，讨论法有助于激发学生的思维，探究法能够培养学生的创新能力，而项目学习法则可以让学生通过实际操作，深入理解所学知识。这些教学方法的结合使用，可以最大限度地提高教学效果，帮助学生全面发展。

（5）教学内容。课堂时间有限，教师需要合理安排教学内容，将较难理解的知识点放在课堂上进行详细讲解和引导，而相对简单的知识则可以通过课外作业让学生自主学习。对于需要实践巩固的知识，可以布置为小组作业，让学生在小组讨论和合作中相互督促、共同进步。这种教学安排不仅能提高课堂教学效率，还能培养学生的自主学习能力和团队合作精神。

在现代教育中，教学内容的选择应当灵活多样，以适应不同学生的学习需求和兴趣。教师可以根据课程的具体情况，选择合适的教材和参考资料，同时利用网络资源丰富教学内容。网络资源的应用可以为学生提供更多的学习材料和实践机会，帮助他们更好地理解和掌握知识。例如，教师可以在课堂上介绍一些基础概念，然后让学生通过网络平台查找相关资料、进行深度学习和讨论。这样不仅可以加深学生对知识的理解，还能培养他们的信息素养和自主学习能力。

3. 教学评价

（1）形成性评价。形成性评价贯穿整个教学过程，从学生入学到中期测评，再到期末测评，以及小组协作学习中的参与度、学习态度和成果表现，形成性评价旨在全面反映学生的学习过程和进步。其评价内容主要包含以下方面：

第一，课堂上学生的学习积极性。学生在课堂上的表现，包括他们的参与度、回答问题的积极性和主动性，能够反映出他们对课程内容的理解和兴趣。积极参与课堂讨论和活动的学生通常表现出较高的学习积极性。

第二，小组协作学习过程中学生的参与度和管理分配能力。在小组协作学习中，学生的参与度和在小组中的角色扮演，以及他们如何分配和管理任务，都是重要的评价标准。有效的团队合作能力和领导能力对于学生的全面发展至关重要。

第三，网络渠道与教师交流的活跃度或下载学习网络共享资源的次数。随着网络技术的发展，学生与教师的互动不再局限于课堂，网络交流也成为评价学生学习情况的重要指标。学生通过网络渠道与老师的交流频率、下载学习资源的次数等，都能够反映出他们对学习资源的利用程度和自主学习能力。

第四，操作实验课的动手实践能力。实践能力是衡量学生实际应用知识水平的重要标准。通过操作实验课，可以评估学生在实验中的动手能力和解决实际问题的能力。这对于培养学生的创新精神和实际操作技能非常重要。

（2）总结性评价。总结性评价主要集中在课程结束时，对整个教学过程进行全面的评价。总结性评价不仅关注学生的学习效果，还考虑教学整体安排和教学模式的影响，其评价内容主要包含以下方面：

第一，通过期末笔试和实验成果了解学生对课程内容掌握程度。期末笔试和实验成果展示是对学生整个学期学习成果的集中检验，通过这些评价手段，可以了解学生对课程内容的掌握程度和应用能力。

第二，学生和教师对课时安排和课程结构安排的评价。课时安排和课程结构的合理性直接影响教学效果，通过收集学生和教师对这些方面的反馈，可以优化课程设计，提高教学质量。

第三，学生和教师对混合学习教学模式的评价。混合学习模式结合了传统课堂教学和网络教学的优势，通过学生和教师的评价，可以了解这种教学模式的优劣，从而进一步完善和改进教学方法。

第四，学生在小组成果的展示与讲解中的表现。小组成果展示和讲解是对学生综合能力的考验，通过这种形式，可以评估学生的表达能力、逻辑思维能力和团队合作精神。

第四节　计算机基础教学资源的多元化

在计算机基础教学领域，教学资源的多元化实践是提高教学质量和学生学习效果的重要途径。随着信息技术的快速发展，数字化资源、互动式学习平台、跨学科资源整合以及实践性与创新性资源的开发和应用，为计算机基础教学注入了新的活力。

一、数字化资源的开发与利用

数字化资源是计算机基础教学中不可或缺的一部分，它以其丰富的内容、灵活的形式和便捷的传播方式，为师生提供了极大的便利。数字化资源主要包括在线课程、虚拟实验室和开源软件等。

（一）在线课程

在线课程作为数字化教育资源的关键构成部分，近年来在教育领域发挥着越来越重要的作用。它打破了传统课堂教学所受的时空限制，使得学生能够更加灵活地进行学习，不再局限于固定的教室和时间。这一特性对于现代学习者而言尤为重要，尤其是在快节奏的生活中，人们往往难以抽出整块的时间进行面对面的课堂学习。在线课程提供了一种随时随地学习的可能，无论是在家中、通勤路上，还是在任何有网络连接的地方，学生都可以根据自己的日程安排进行学习。

在线课程的内容设计通常十分丰富，涵盖了教学视频、课件、习题和测试等多种学习资源。教学视频是在线课程的核心，它通过教师的讲解和演示，将知识点以直观、生动的方式呈现给学生。课件则是对教学内容的辅助，通常以文档或 PPT 的形式存在，用于帮助学生更好地理解和记忆知识点。习题和测试则是在线课程对学习效果的检验手段，通过完成这些练习，学生可以巩固所学知识，并评估自己的学习进度和水平。

（二）虚拟实验室

虚拟实验室作为现代教育技术的一种创新应用，通过先进的仿真技术，成功地模拟了真实的实验环境。这一技术的引入，极大地改变了传统实验教学的模式，使学生能够在没有实体实验室的情况下，依然能够进行实验操作，体验实验过程，从而获取实验数据和结果。

第一，虚拟实验室的显著优势在于其成本效益。传统的实体实验室需要投入大量的资金用于购买实验设备、维护实验室设施以及支付实验室管理人员的费用。而虚拟实验室则大大降低了这些成本，因为它只需要一次性的软件开发和少量的硬件支持即可运行。此外，虚拟实验室还可以通过网络进行广泛传播，使得更多的学生能够以更低的成本接触到高质量的实验教学资源。

第二，虚拟实验室在提高实验安全性和可操作性方面也表现出色。在传统的实体实验室中，学生可能会因为操作不当或设备故障而导致实验事故，甚至造成人身伤害。而在虚拟实验室中，所有的实验操作都是在虚拟环境中进行的，因此即使出现错误或故障，也不会对真实环境造成任何影响。同时，虚拟实验室还可以提供详细的操作指导和反馈，帮助学生更好地掌握实验技能，提高实验的可操作性。

第三，通过虚拟实验室，学生可以反复进行实验操作，加深对计算机原理和算法的理解。在传统的实体实验室中，由于时间和资源的限制，学生往往只能进行一次或有限的几次实验操作。而在虚拟实验室中，学生可以根据自己的学习进度和需求，随时随地进行实验操作，直到完全掌握相关的知识和技能。这种反复练习的机会对于提高学生的实验技能和加深对计算机原理和算法的理解是非常有帮助的。

（三）开源软件

开源软件在计算机基础教学中的重要作用不容忽视。其免费、开放源代码、可定制等特性，为师生提供了一个极为灵活和富有创新性的教学平台。

第一，开源软件的免费特性极大地降低了教学成本。对于学校和教育机构而言，无需支付昂贵的软件许可费用，即可获得高质量的教学工具。这使得更多的学校和学生能够接触到先进的计算机技术和工具，促进了教育资源的公平分配。

第二，开源软件的开放源代码特性为师生提供了极大的灵活性和可定制性。师生可以根据教学需求，对开源软件进行二次开发或定制，以满足特定的教学需求。这种灵活性不仅提高了教学效率，还激发了学生的创新思维和实践能力。学生可以通过修改和扩展开源软件，实现自己的想法和创意，从而更深入地理解计算机原理和算法。

第三，通过使用开源软件，学生可以接触到最新的计算机技术和工具。开源社区活跃，不断有新的技术和工具涌现。这些新技术和工具往往能够迅速地在开源软件中得到应用和推广。因此，使用开源软件可以使学生保持与计算机领域最新发展的同步，提高他们的技术水平和竞争力。

第四，开源软件的使用还有助于培养学生的团队协作精神和沟通能力。在开源社区中，开发者们需要相互协作，共同解决问题。学生可以通过参与开源项目，学会与他人合作，提高自己的团队协作能力和沟通能力。

二、互动式学习平台的构建

互动式学习平台是计算机基础教学中另一种重要的多元化实践。它通过构建论坛、问答社区和协作工具等，为学生提供了一个实时互动、共同学习的环境。

第一，论坛。论坛允许学生发表自己的观点、提问和回答问题。通过论坛，学生可以与他人分享学习心得、讨论疑难问题，从而加深对知识点的理解。同时，教师也可以通过论坛了解学生的学习情况和问题，及时调整教学策略。

第二，问答社区。问答社区允许学生提出具体问题，并邀请其他人回答。问答社区通常具有专业的用户群体和丰富的知识库，能够为学生提供准确、及时的解答。通过问答社区，学生可以快速解决学习中的困惑，提高学习效率。

第三，协作工具。协作工具允许学生进行在线协作和共享资源。通过协作工具，学生可以共同完成作业、项目和实验，培养团队协作精神和沟通能力。同时，协作工具还可以记录学生的协作过程和成果，为教师提供评估学生团队协作能力的依据。

在构建互动式学习平台时，互动机制的设计与效果评估至关重要。互动机制包括用户角色设定、权限管理、交流规则等，它们共同决定了平台的互动性和用户体验。为了评估互动式学习平台的效果，我们需要收集和分析学生的使用数据、学习成果和反馈意见。通过这些数据，我们可以了解平台的使用情况、学生的学习效果和存在的问题，从而不断优化和改进平台。

三、实践性与创新性资源的开发

实践性与创新性资源的开发是计算机基础教学多元化实践的最后一个方面。它通过创客空间、编程竞赛等活动和实践项目，培养学生的实践能力和创新思维。

（一）创客空间

创客空间，这一新兴的概念，正逐渐成为教育领域中的一股重要力量。它不仅仅是一个提供创意实现环境和工具的场所，更是一个鼓励学生自主创作、实验和探索的创意孵化器。在这个充满无限可能的空间里，学生们可以接触到最前沿的技术和工具，如 3D 打印、电子制作、编程软件等，从而将自己的奇思妙想转化为触手可及的实物。

第一，创客空间的核心理念在于"动手做"。在传统的教学模式中，学生往往更多的是接受知识，而创客空间则提供了一个平台，让学生们能够亲自动手，将理论知识应用于实践中。这种"学以致用"的方式极大地激发了学生的学习兴趣和创造力。他们不再只是被动地接受知识，而是成为了知识的创造者和实践者。

以 3D 打印为例，这一技术在创客空间中得到了广泛的应用。学生们可以通过设计软件，将自己的设计想法转化为三维模型，然后使用 3D 打印机将其打印出来。这个过程不仅锻炼了学生的空间想象能力和设计能力，还让他们对现代制造技术有了更深入的了解。同样，电子制作也是创客空间中的一大亮点。学生们可以学习电路原理，亲手组装和调试各种电子设备，如机器人、智能家居系统等。这种实践性的学习方式让学生们在实践中不断试错、不断修正，最终得出正确的结论，这种过程对于培养他们的创新思维和解决问题的能力具有极其重要的意义。

第二，创客空间强调团队合作和跨学科融合。在创客项目中，学生们往往需要组成小组，共同完成任务。这种团队合作的方式不仅锻炼了学生的沟通协调能力，还让他们学会了如何在团队中发挥自己的优势，互补不足。同时，创客项目往往涉及多个学科的知识，如物理、数学、计算机科学等。学生们在完成项目的过程中，需要综合运用这些学科的知识，这种跨学科的学习方式有助于培养他们的综合素养和创新能力。

第三，创客空间的活动形式也是多种多样的。除了定期的创客工作坊和讲座外，还可以举办创客马拉松、创新大赛等活动。这些活动不仅为学生们提供了展示自己创意和作品的平台，还让他们有机会与业界专家、企业家等人士进行交流，从而拓宽自己的视野和思维方式。

（二）编程竞赛

编程竞赛，作为另一种重要的实践性与创新性资源，其在教育领域的价值日益凸显。这不仅仅是一场关于编程技能的较量，更是一个锻炼学生综合能力、激发创新思维的绝佳平台。

首先，编程竞赛的核心在于其实践性。与传统的课堂教学相比，编程竞赛要求学生将所学的编程知识应用于实际问题的解决中。这种"学以致用"的方式，使得学生能够更加深入地理解和掌握编程技能。在竞赛中，学生需要面对各种复杂的问题和挑战，通过不断地尝试和实践，找到最优的解决方案。这种实践性的学习方式，不仅锻炼了学生的编程能力，还培养了他们解决问题的能力和逻辑思维能力。

其次，编程竞赛能够激发学生的竞争意识和创新精神。在竞赛中，学生需要与来自不同学校、不同背景的同龄人进行激烈的角逐。这种竞争环境，使得学生更加珍惜每一次学习和实践的机会，努力提升自己的编程技能和解决问题的能力。同时，为了在众多参赛者中脱颖而出，学生还需要不断探索新的算法和解决方案，这种创新精神的培养对于他们未来的学习和职业发展都具有重要的意义。

第六章　计算机基础教学的创新技术发展实践

随着科技的不断进步，计算机基础教学正迎来创新技术的革新。本章将聚焦于这些创新技术在教学实践中的应用，探索人工智能如何融入教学，提升学习效率；并讨论大数据技术如何优化教学方法，实现个性化学习；以及分析虚拟现实技术如何为学生提供沉浸式学习体验。这些技术的应用不仅丰富了教学手段，也为计算机基础教育的未来发展指明了方向。

第一节　人工智能技术在计算机基础教学中的应用实践

一、人工智能的起源和发展

近年来，人工智能发展迅速，已经成为科技界和大众都十分关注的一个热点领域。尽管目前人工智能在发展过程中，还面临着很多困难和挑战，但人工智能已经创造出了许多智能产品，并将在越来越多的领域制造出更多甚至是超越人类智能的产品，为改善人类的生活作出更大贡献。"人工智能是新一代'通用目的技术'，对经济社会发展和国际竞争格局产生着深刻影响。"①

智能是指学习、理解并用逻辑方法思考事物，以及应对新的或者困难环境的能力。智能的要素包括：适应环境、适应偶然性事件、能分辨模糊的或矛盾的信息、在孤立的情况中找出相似性、产生新概念和新思想。

人类智能表现为有目的的行为、合理的思维，以及有效地适应环境的综合性能力。智力是获取知识并运用知识求解问题的能力，能力则指完成一项目标或者任务所体现出来的素质。人工智能是相对于人类的自然智能而言的，被定义为"人造智能"，旨在通过人工方法和技术在计算机上实现智能，以模拟、拓展和延伸人类的智能能力。因其应用在机器上，故又被称为机器智能。人工智能涵盖了基于规则的智能行为，即计算机能够解决的智能任务。

（一）人工智能的起源

人工智能作为当代信息技术领域的重要分支，其起源可以追溯到20世纪中叶的计算机科学发展历程中。其根源可以追溯到二战期间的早期计算机研究，当时，科学家们开始探索如何让机器模拟人类智能的能力。随着电子计算机的发展，特别是冯·诺伊曼结构的引入，计算机技术迈入了新的里程碑，为人工智能的概念奠定了理论基础。

20世纪50年代至60年代初，人工智能的研究进入了第一个重要阶段。艾伦·图灵提出了"图灵测试"，这一理论思想提出了机器智能的测量标准，并且在许多领域引发了对人工智能概念的深入讨论。同时，随着符号逻辑和推理方法在计算机科学中的应用，诞生了早期的专家系统和语言处理系统，这些成就奠定了人工智能研究的基础，探索了人类智能的模拟路径。

20世纪60年代后期至70年代，人工智能进入了第二个重要阶段，被

---

① 张鑫，王明辉. 中国人工智能发展态势及其促进策略 [J]. 改革，2019（9）：31.

称为"知识表达与推理"时期。在这一时期，专家系统、规则推理和自然语言处理等技术得到了广泛应用和研究，特别是在解决特定领域的问题上取得了一些初步成功。这一时期的代表性成就包括 1973 年的 MYCIN 系统，用于诊断感染性疾病的专家系统，以及 1978 年的 XCON 系统，用于配置计算机系统的专家系统。

20 世纪 80 年代至今，人工智能进入了第三个重要阶段，被称为"统计学习与机器学习"时期。随着计算能力的提升和大数据时代的到来，机器学习、神经网络和深度学习等技术成为人工智能研究的新兴前沿。这些技术不再依赖于手工编写的规则，而是通过从数据中学习模式和规律来实现智能行为，极大地推动了语音识别、图像识别、自然语言理解等应用领域的发展。

（二）人工智能的发展

"随着科技的发展，人工智能技术的发展日新月异，并以势不可挡的态势进入人们的生活领域。随着人工智能的蓬勃发展，人们的生活水平不断提高，人类也随之进入了智能时代。人工智能不仅可以帮助人们有效地工作和学习，还可以为生活增添新的活力。"[①]

1. 人工智能的早期形态

人工智能的孕育期一般指 1956 年以前，这一时期为人工智能的产生奠定了理论和计算工具的基础。

（1）问题的提出。在 19 世纪末，世纪之交，一场数学家大会在巴黎召开，大会上的数学家大卫·希尔伯特庄重地向全球数学界宣布了 23 个未解决的难题。这 23 个难题成为经典问题，而其中的第二个问题和第十个问题与人工智能紧密相关，最终为计算机的发展铺平了道路。被后人称为希尔伯特纲领的希尔伯特的第二问题是数学系统中应同时具备一致性和完备

---

① 张冰冰. 人工智能的发展和现状［J］. 科学与信息化，2021（26）：126.

性。希尔伯特的第二问题的思想，即数学真理不存在矛盾，任何真理都可以描述为数学定理。他认为可以运用公理化的方法统一整个数学，并运用严格的数学推理证明数学自身的正确性。捷克数学家库尔特·哥德尔致力于攻克第二问题，通过后来被称为"哥德尔句子"的悖论句，证明了任何足够强大的数学公理系统都存在着瑕疵，一致性和完备性不能同时具备，这便是著名的哥德尔定理。

（2）计算机的产生。法国人布莱士·帕斯卡于 17 世纪制造出一种机械式加法机，它是世界上第一台机械式计算机。克劳德·艾尔伍德·香农是信息论的创始人，他于 1938 年首次阐明了布尔代数在开关电路上的作用。信息论的出现，对现代通信技术和电子计算机的设计产生了巨大的影响。如果没有信息论，现代的电子计算机是不可能研制成功的。1946 年 2 月 15 日，世界上第一台通用电子数字计算机"埃尼阿克"研制成功。"埃尼阿克"的成功研制，是计算机发展史上的一座纪念碑，是人类在发展计算技术历程中的一个新的起点。

2. 人工智能的形成

1956 年，一项具有重大开创性的工作诞生了，标志着人工智能领域的突破。该研究开发了一种跳棋程序，具备自我改善、自适应、积累经验和学习的能力，成功模拟了人类学习和智能的过程。这一程序不仅在 1959 年击败了其设计者，还在 1963 年战胜了美国的州级跳棋冠军，展示了其卓越的学习和优化能力。

在 1960 年，另一项重要的研究成果出现了，即通用问题求解程序系统的研制成功。这一系统能够解决包括不定积分、三角函数和代数方程在内的多种性质各异的问题，展示了计算机在处理复杂数学问题方面的强大潜力。

同年，表处理语言 LISP 的提出和研制成功标志着人工智能程序设计语言的里程碑。这种语言不仅能够高效处理数据，还能更方便地处理符号，适用于符号微积分计算、数学定理证明、数理逻辑中的命题演算、博弈、图像识别等多个领域。LISP 的出现为一代人工智能科学家提供了强有力的工具，并且至今仍在人工智能研究中广泛应用。

1965 年，专家系统的研制开始，并迅速取得了突破性进展。该系统用于质谱仪分析有机化合物的分子结构，展示了人工智能在实际应用中的巨大潜力，为未来的研究提供了宝贵的参考和启示。

1969 年，第一届国际人工智能联合会议的召开，以及 1970 年《人工智能国际杂志》的创刊，标志着人工智能作为一门独立学科正式登上了国际学术舞台。这些事件极大地促进了人工智能研究的发展，推动了该领域的学术交流和进步，奠定了人工智能学科发展的基础。

3. 人工智能的应用

1971 年至 1980 年期间，人工智能进入了发展和实用阶段。在此阶段，多个领域的专家系统被开发并成功应用于化学、数学、医疗和地质等方面。这一时期的研究和应用成果为人工智能技术的实用化奠定了基础。在这一时期，美国的研究机构开发了一种用于诊断细菌感染和推荐抗生素使用方案的系统，该系统利用了早期的人工智能技术，展示了人工智能在医疗领域的巨大潜力。该系统的开发历时多年，为后来的专家系统研究提供了重要的基础。

与此同时，人工智能在数学领域也取得了显著进展。研究人员利用人工和计算机结合的方式，成功证明了一个著名的数学猜想——四色猜想。这一猜想提出，对于任意的地图，最少只需使用四种颜色就能使得相邻区域颜色不同。尽管这一证明过程极为复杂，但借助计算机的强大计算能力，研究人员最终完成了这一证明，展示了人工智能在解决复杂数学问题方面的潜力。

在国际人工智能联合会的会议上，研究人员在特约文章中系统地阐述了专家系统的思想，并提出了"知识工程"的概念。这一概念的提出标志着人工智能研究的进一步深化，推动了专家系统在各个领域的广泛应用。

这一阶段的研究和实践表明，人工智能不仅在理论上取得了重要突破，而且在实际应用中展现出巨大的潜力和前景。通过对不同领域的专家系统的开发和应用，人工智能技术逐渐从实验室走向实际应用，开启了人工智能发展的新篇章。

4. 人工智能的集成

20 世纪 90 年代至今，人工智能进入了智能综合集成阶段，主要研究领域聚焦于模拟智能的发展和应用。第六代电子计算机的出现标志着这一阶段的重要里程碑。这类计算机具备了模仿人脑判断能力和适应能力的特征，并能够并行处理多种数据，体现出神经网络计算机的先进性。与之前的第五代计算机主要依赖逻辑处理不同，第六代电子计算机能够自主判断对象的性质和状态，并采取相应的行动，同时处理实时变化的大量数据，得出相应结论。这种能力使其具备了类似人脑的智慧和灵活性，超越了传统信息处理系统仅能处理条理清晰、结构分明数据的局限。

进入 21 世纪，深度学习技术的发展为人工智能带来了新的契机。深度学习的成熟使人工智能从尖端技术逐渐普及开来，推动了智能技术在各个领域的广泛应用。深度学习不仅提高了计算机处理复杂任务的能力，还极大地拓展了人工智能的应用范围，使其在图像识别、语音识别、自然语言处理等领域取得了显著进展。

这一阶段的研究和实践表明，人工智能在模拟人类智能方面取得了重要进展，展现了巨大的应用潜力。第六代电子计算机和深度学习技术的结合，不仅提升了计算机的处理能力和灵活性，还推动了人工智能技术的普及与发展，为未来智能系统的进一步发展奠定了坚实的基础。

二、人工智能的基础理论

人工智能的基础理论分为两个层次。第一层次涵盖人工智能的基本概念、研究对象、研究方法及学科体系。这一层次建立了人工智能领域的整体框架和研究基础，明确了人工智能的研究方向和方法论。第二层次是基于知识的研究，是基础理论中的核心内容，主要包括以下五个方面：

第一，知识与知识表示。人工智能研究的基本对象是知识，其研究内容以知识为核心，涵盖知识表示、知识组织管理、知识获取等。知识的表示形式多种多样，常用的包括谓词逻辑表示、状态空间表示、产生式表示、语义网络表示、框架表示、黑板表示以及本体与知识图谱表示等。这些表示方法根据不同的应用环境和需求进行选择和应用。

第二，知识组织管理。知识组织管理即知识库，是存储知识的实体，具有增、删、改、查询、获取（如推理）等管理功能。知识库还包括知识控制功能，确保知识的完整性、安全性及故障恢复能力。知识库按照知识表示的不同形式进行管理，即在一个知识库中，所管理的知识表示形式通常只有一种。

第三，知识推理。知识推理是人工智能研究的核心内容之一，指通过一般性知识获得个别知识的过程，称为演绎性推理。这是符号主义学派研究的主要内容。知识推理的方法多种多样，常见的包括基于状态空间的搜索策略方法和基于谓词逻辑的推理方法等，不同的方法适用于不同的知识表示形式。

第四，知识发现。知识归纳，又称知识发现或归纳性推理，是人工智能研究的另一核心内容。归纳指通过多个个别知识获得一般性知识的过程，称为归纳性推理。这是连接主义学派研究的主要内容。知识归纳的方法也多种多样，常用的包括人工神经网络方法、决策树方法、关联规则方法以及聚类分析方法等。

第五，智能活动。智能活动是行为主义学派研究的主要内容之一。智能体的活动通常由环境中的感知器触发，启动智能活动，产生的结果通过执行器对环境产生影响。这一过程展示了智能体在动态环境中的自主适应和反应能力，是人工智能研究的重要方面。

三、人工智能的应用领域

在人工智能学科中，多个以应用领域为背景的学科分支不断涌现，这些分支以基础理论为手段，以领域知识为对象，通过二者的融合，最终实现模拟该领域应用的目标。当前，这些学科分支的内容丰富多样，且持续发展，其中六个较为热门的应用领域概括如下：

第一，机器博弈。机器博弈涵盖了人机博弈、机机博弈以及单体、双体、多体等多种形式，内容涉及传统的棋类博弈，如五子棋、跳棋、中国象棋、国际象棋及围棋等，以及球类博弈，如排球、篮球、足球等。机器博弈作为一种高度智能的活动，其水平高低是衡量人工智能水平的重要标志，对其研究能带动并影响人工智能多个领域的发展，因此，国际上各大知名公司纷纷致力于机器博弈的研究与开发。

第二，声音、文字与图像识别。人类通过五官及其他感觉器官接受并识别外界多种信息，其中听觉与视觉占据了所有获取信息的 90%以上。具体表现为文字、声音、图形、图像以及人体、物体等识别。模式识别利用计算机模拟人的各种识别能力，目前主要的模式识别包括声音识别（如语音、音乐及其他外界声音的识别）、文字识别（如联机手写文字识别、光学字符识别等）以及图像识别（如指纹识别、个人签名识别及印章识别等）。

第三，知识工程与专家系统。知识工程与专家系统旨在用计算机系统模拟各类专家的智能活动，从而实现用计算机取代专家的目标。知识工程是计算机模拟专家的应用型理论，专家系统则在知识工程理论的指导下，构建具有某些专家能力的计算机系统。

第四，智能机器人。智能机器人一般指的是具有类人功能的机器人，尽管不一定具有人类的外形，但具备人的基本功能，如感知功能、脑的处理能力以及执行能力。这类机器人由计算机及各种机电部件与设备组成，广泛应用于工业和其他领域。

第五，智能决策支持系统。政府、单位与个人在面对重大事件时，需要作出科学合理的决策。智能决策支持系统是一个能够模拟和协助人类决策过程的计算机系统，旨在提升决策的科学性和合理性，适用于公司投资决策、政府军事行动决策、个人高考志愿填报决策等多种场景。

第六，计算机视觉。视觉是人类从外界获取最多信息的感官功能，因此对人类视觉的研究尤为重要。在人工智能领域，这一研究被称为计算机视觉。计算机视觉研究用计算机模拟人类视觉功能，描述、存储、识别和处理外部世界的人物和事物，包括静态与动态、二维与三维的信息，应用于人脸识别、卫星图像分析与识别、医学图像分析与识别以及图像重建等方面。

四、人工智能在计算机基础教学中的应用

人工智能技术在计算机基础教学中通过智能化的工具和方法，有效提升了教学质量和学习效率。

第一，智能辅导系统在教学过程中发挥了重要作用。这些系统利用人工智能算法，能够实时分析学生的学习情况，根据个体差异提供个性化的学习方案。通过智能辅导系统，学生能够在自适应学习环境中获得更具针对性的指导，从而提高学习效果。

第二，智能评估系统的应用大大提升了教学评估的科学性和客观性。传统的教学评估方法往往耗时费力且主观性强，而人工智能技术能够通过大数据分析和自然语言处理技术，对学生的学习表现进行全面评估。智能评估系统不仅能够快速、准确地评分，还能够根据评估结果提供具体的改进建议，帮助学生更好地理解和掌握所学知识。

第三，虚拟实验室和模拟教学环境的引入，使得计算机基础教学更加生动和直观。通过虚拟实验室，学生可以在虚拟环境中进行实验操作，模

拟真实的计算机应用场景。这种教学方式不仅节省了实验成本，还提高了学生的动手能力和实践技能。

第四，智能课堂管理系统。这类系统能够实时监控课堂情况，自动记录学生的出勤率和课堂表现，并生成详细的报告供教师参考。通过智能课堂管理系统，教师可以更加高效地管理课堂，提高教学质量。基于人工智能的资源管理系统能够自动整理、分类和推荐教学资源，使得教师和学生能够更方便地获取所需资料。这种智能化管理不仅提高了资源利用效率，还促进了教学资源的共享和传播。

第二节 大数据技术在计算机基础教学中的应用实践

一、大数据技术在教学资源管理中的应用

"伴随着与日俱增的数据量，社会发展迫切需要大数据技术对这些海量数据进行分析处理，大数据时代也成为人类对数据深度开发的新时代，海量数据研判与实时分析成为当前社会日益显著的需求。"[1]大数据技术在教学资源管理中的应用，极大地提升了资源配置的效率和准确性。通过大数据技术，教学资源的智能推荐系统得以实现，基于学生的学习行为数据，系统能够自动分析学生的学习习惯和需求，从而精准推荐符合其学习水平和兴趣的教学资源。这种个性化的资源推荐不仅提高了资源的利用率，也优化了学生的学习效果，使得每个学生都能够在最适合自己的学习路径上前进。

---

① 韩浦霞. 大数据技术综述 [J]. 天津职业院校联合学报，2020，22（12）：113.

（一）教学资源的智能推荐

教学资源的智能推荐是通过对海量数据的分析与处理，实现了个性化、精准化的资源分配。智能推荐系统利用大数据技术，能够从学生的学习记录、行为数据、兴趣偏好等多方面入手，综合分析其学习需求和学习水平，从而推荐最适合的教学资源。这种个性化推荐不仅提升了学生的学习效果，还能够有效激发学生的学习兴趣和自主学习的积极性。

1. 通过数据分析为学生推荐个性化的学习资源

通过数据分析为学生推荐个性化的学习资源，极大地提升了教学的针对性和有效性。大数据技术在教育中的应用，使得对学生学习行为、学习习惯和学习需求的全面分析成为可能。通过对这些数据的深度挖掘，智能推荐系统能够为每个学生量身定制学习资源，使其学习过程更加高效和个性化。

大数据技术通过收集和分析学生的学习数据，如学习进度、成绩表现、课后作业完成情况等，构建出每个学生的学习画像。这些数据不仅包括学生在课堂上的表现，还涵盖了课外的学习活动，从而形成对学生学习状态的全面了解。在此基础上，智能推荐系统能够精确识别出学生的知识薄弱点、学习兴趣和学习风格，从而推荐最适合的学习资源。这些资源可能包括个性化的课件、针对性的练习题、相关的阅读材料或是特定的学习路径。

个性化学习资源推荐的核心在于精准匹配学生的学习需求。通过数据分析，系统能够识别出学生在学习过程中遇到的具体问题，并及时推荐相应的解决方案。例如，对于在某个知识点上反复出错的学生，系统会优先推荐相关的强化练习和解释详细的教学视频，帮助学生深入理解和掌握该知识点。对于学习进度较快、表现优异的学生，系统则会推荐更具挑战性的材料，以保持其学习兴趣和动力。

此外，个性化推荐系统还能够动态调整推荐策略，根据学生的实时学习反馈不断优化推荐内容。这种动态调整机制确保了推荐的学习资源始终与学生的实际需求相匹配，避免了资源浪费和学习效率低下的问题。学生在这样的学习环境中，可以获得持续的支持和帮助，逐步实现知识的巩固和提升。

智能推荐系统不仅对学生有益，也为教师提供了有力的辅助工具。通过系统提供的数据分析结果，教师可以全面了解学生的学习状况，并根据个性化推荐的资源，进行有针对性的教学设计和课堂管理。教师可以更加精准地安排教学内容，关注每个学生的学习进展，从而提高整体教学效果。

2. 提高资源利用率，优化学习效果

提高资源利用率和优化学习效果是大数据技术在教育领域的重要目标。通过大数据技术，可以实现对教育资源的智能管理和精准分配，进而提高资源的利用效率。教育资源，包括教材、课件、习题库和辅助教学工具等，通过大数据分析，可以更好地了解这些资源的使用频率和使用效果，从而优化其配置和使用策略。

在大数据技术的支持下，教育机构能够收集和分析海量的学生学习数据，了解学生在不同学习阶段对各种资源的需求和使用情况。这些数据包括学生的学习进度、学习成果、知识掌握程度以及学习行为模式等。通过对这些数据的综合分析，系统可以识别出哪些资源对学生的学习效果最为显著，哪些资源存在使用不足或效果不佳的问题。基于此，教育机构可以对资源进行调整和优化，提高资源的利用率。

同时，大数据技术还能够实现教学资源的动态管理。传统的教学资源管理方式往往是静态的、固定的，难以适应学生个性化和多样化的学习需求。而通过大数据分析，系统可以实时监测和分析学生的学习行为和学习效果，根据学生的实际情况动态调整资源的推荐和分配。例如，对于某些学习效果较差的学生，系统可以优先推荐补充性的学习资源；对于学习进度较快的学生，系统可以推荐更加深入和挑战性的学习材料。这种动态调整机制不仅提高了资源的利用效率，也有效地优化了学生的学习效果。

此外，大数据技术在提高资源利用率和优化学习效果方面的另一个重要应用是个性化学习路径的推荐。通过对学生学习数据的深入分析，系统可以为每个学生量身定制个性化的学习路径。这些路径根据学生的学习习惯、学习能力、知识掌握情况和兴趣爱好等因素综合设计，能够最大限度地发挥学生的学习潜力。个性化学习路径的推荐，使得每个学生都能够按照最适合自己的方式进行学习，从而大大提高了学习效率和学习效果。

（二）教学资源的智能管理

教学资源的智能管理是通过大数据技术和人工智能的应用，实现资源配置和科学化的管理。智能管理系统能够对海量的教学资源进行自动分类、标注和存储，使得资源的组织和检索变得更加便捷和精准。这种系统不仅提高了教学资源的利用效率，还显著提升了教学质量。

1. 自动整理和分类海量教学资料

自动整理和分类海量教学资料是通过大数据技术和人工智能算法的应用，实现了对庞大且多样化的教学资料的高效管理。自动整理和分类系统利用自然语言处理、机器学习等先进技术，能够对海量教学资料进行精准分类和有效组织，从而提升教学资源的利用率和管理效率。

该系统通过智能抓取和数据集成技术，对分散在不同平台和格式的教学资料进行统一收集和整理。无论是文本、音频、视频，还是多媒体互动课件，系统均能自动识别并归档。这一过程不仅减少了人工整理的工作量，还避免了人工操作中可能出现的遗漏和错误。

在分类过程中，系统通过自然语言处理技术，对资料内容进行深度语义分析。利用文本挖掘和语义分析算法，系统能够识别资料的主题、关键字和核心内容，从而将资料自动归类到相应的知识领域和课程模块中。与传统的人工分类方式相比，这种基于语义分析的自动分类方法更加准确和高效，能够快速处理海量数据，满足实时更新和动态调整的需求。

同时，机器学习算法在资料分类中发挥着重要作用。系统通过对大量已标注资料的学习和训练，建立起精准的分类模型。该模型能够不断自我优化和迭代，随着使用时间的增加，分类准确率和效率将持续提升。系统还可以根据用户的反馈和使用情况，进一步优化分类模型，确保分类结果始终符合实际需求。

在分类后的资料管理方面，系统提供了强大的检索和推荐功能。用户可以通过多种检索方式，包括关键词搜索、语义搜索和分类导航，快速找到所需资料。系统还根据用户的学习行为和偏好，智能推荐相关资料，帮助用户更高效地获取和利用教学资源。这种智能推荐功能不仅提升了用户体验，也极大地提高了资料的利用率。

2. 实现资源的高效存储和快速检索

随着教学资源数量的迅速增长和多样化，传统的存储和检索方式已难以满足实际需求。通过大数据技术和人工智能算法的应用，可以实现对海量教学资源的高效存储和快速检索，从而为教育工作者和学生提供更加便捷和高效的服务。

（1）高效存储依赖于先进的数据库技术和分布式存储架构。通过对数据进行分片和分布式存储，系统能够有效管理大规模数据集，并保障数据的高可用性和安全性。分布式存储系统能够将数据存储在多个节点上，实现数据的负载均衡和容灾备份，提高数据存储的稳定性和可靠性。同时，利用大数据技术对数据进行压缩和去重处理，能够显著节省存储空间，降低存储成本。

（2）快速检索依赖于高效的搜索引擎和先进的检索算法。系统通过构建全文索引和倒排索引，实现对资源内容的快速检索。全文索引能够对资源的每一个词进行索引，而倒排索引则能够快速定位包含特定关键词的资源。这些索引技术结合自然语言处理和机器学习算法，能够显著提高检索的速度和准确性。在检索算法方面，系统利用语义搜索和相关性排序技术，能够理解用户的搜索意图并返回最相关的结果。语义搜索通过对用户查询的语义分析，能够准确捕捉用户的需求，避免了传统关键词搜索中可能出现的语义模糊和匹配错误问题。相关性排序则通过对搜索结果的相关性评分，将最符合用户需求的资源优先展示，提高用户的检索体验。

二、大数据技术在计算机教学过程中的应用

大数据技术在计算机教学过程中的应用日益广泛且深远，其核心在于利用数据驱动教学过程，实现教学的个性化、智能化和高效化。通过收集和分析学生的学习行为数据以及实时监测与反馈，可以显著提升教学效果和学生的学习体验。

（一）学习行为数据的收集与分析

通过系统化地收集和分析学生的学习数据，教育机构可以深入了解学生的学习行为和习惯，从而制定更加精准和有效的个性化教学方案。

第一，学习行为数据的收集。教育系统通过多种途径收集学生在学习过程中的数据，包括但不限于学习时间、课程参与度、作业完成情况、考试成绩、课堂互动记录等。这些数据的收集可以通过在线学习平台、教学管理系统以及各种学习应用程序进行。通过对这些数据的全面采集，系统能够构建一个完整的学生学习档案，记录学生在不同学习阶段的表现和变化。

在数据收集的基础上，分析学生的学习行为和习惯是至关重要的。数据分析技术能够帮助教育者识别学生在学习过程中的模式和趋势。例如，通过分析学生的学习时间分布，可以了解其学习习惯和高效学习时间段；通过分析作业和考试数据，可以发现学生在特定知识点上的掌握情况和存在的困难。进一步，数据分析还可以揭示学生在学习中的情感状态和参与

度，为教师提供更加全面的学生画像。

第二，对学生学习行为和习惯的深度分析，制定个性化教学方案。个性化教学方案的核心在于针对每个学生的具体需求和学习特点，提供量身定制的教学内容和方法。通过数据分析，教育者可以识别学生的学习风格和兴趣点，调整教学策略，使之更加符合学生的学习节奏和认知能力。例如，对于某些在特定科目上表现优异的学生，可以提供更具挑战性的高级课程；对于在某些知识点上存在困难的学生，则可以加强个别辅导和资源支持。

个性化教学方案不仅注重学术内容的调整，还包括学习路径和方法的优化。数据分析可以帮助确定最适合学生的学习资源和工具，从而提高学习效果。同时，个性化教学方案还可以动态调整，随着学生学习行为和习惯的变化不断优化和更新。这种灵活性和动态性，使得教学过程能够及时响应学生的需求，提供持续的支持和指导。

（二）实时监测与反馈

在教育技术的不断发展中，实时监测与反馈机制已成为提升教学质量和学生学习效果的重要手段。通过实时监控学生的学习进度和状态，以及提供即时反馈，教育者能够及时发现和解决学习过程中出现的问题，从而帮助学生更有效地调整学习策略，实现学习目标。

第一，实时监控学生的学习进度和状态。教育系统利用各种技术手段，如学习管理系统、在线课程平台和智能设备，全面跟踪学生的学习活动。这些数据包括学生的学习时间、完成的任务、参与的讨论以及测验成绩等。通过对这些数据的实时监控，教师可以了解每个学生在学习过程中的具体表现，及时发现学习进度的滞后或异常情况。例如，当某些学生在完成某一模块的学习任务时遇到困难，系统能够立即识别并通知教师，使其能够及时提供帮助。

第二，提供即时反馈，帮助学生及时调整学习策略。通过对学生学习状态的实时监控，系统可以在学生完成任务后立即进行评估，并给出具体的反馈意见。这些反馈不仅包括对答案的正确性判断，还包含详细的解答和改进建议。即时反馈帮助学生在最短的时间内了解自己的学习情况，明确需要改进的地方，从而避免错误的积累和重复。通过即时反馈，学生能够获得即时的肯定和指导，这对于增强学习动机和提高学习效果具有显著作用。另外，根据学生的实时学习数据，教师可以动态调整教学策略和教学内容。例如，对于在特定知识点上表现不佳的学生，教师可以提供额外的辅导材料或个别辅导；对于表现优异的学生，则可以安排更具挑战性的学习任务。通过这种个性化的调整，教学过程更加灵活和高效，能够更好地满足不同学生的学习需求。

第三节　虚拟现实技术在计算机基础教学中的应用实践

"随着计算机技术的迅速发展和应用，它在一定程度上促进了虚拟现实技术的发展。而虚拟现实技术作为一种人机自然交互形式，在诸多领域中得到了广泛的应用，有效地提升了用户体验和行业的生产效率。"[①]

一、虚拟现实技术

虚拟现实技术涉及计算机图形学、多媒体技术、传感技术、人机交互、显示技术、人工智能等多个领域，交叉性非常强。虚拟现实技术在教育、医疗、娱乐、军事等众多领域有着非常广泛的应用前景。由于改变了传统的人与计算机之间被动、单一的交互模式，使用户和系统的交互变得主动化、多样化、自然化，因此虚拟现实技术被认为是21世纪发展较迅速，对

---

① 蔺婷. 虚拟现实技术与计算机技术的应用［J］. 信息记录材料，2024，25（4）：82.

人们的工作、生活有着重要影响的技术之一。

（一）虚拟环境的表现形式

虚拟环境作为现代科技发展的重要组成部分，表现形式多样且功能丰富。在计算机科学和信息技术的推动下，虚拟环境逐渐成为模拟现实、提供沉浸式体验的重要手段。虚拟环境的表现形式主要包括虚拟现实（VR）、增强现实（AR）和混合现实（MR）。这些形式各有其独特的特点和应用场景，能够满足不同领域的需求。

第一，虚拟现实通过计算机生成三维环境，使用户能够以沉浸式方式体验虚拟世界。这种环境通常需要借助头戴显示设备和传感器来实现，用户可以通过自然的交互方式与虚拟物体进行互动，从而获得高度逼真的感官体验。虚拟现实在娱乐、教育、医疗和工业仿真等领域有着广泛应用，极大地提升了用户的参与感和互动性。

第二，增强现实则在现实环境的基础上叠加虚拟信息，使用户能够在现实世界中看到计算机生成的图像或数据。这种技术通过摄像头和传感器捕捉现实场景，并将虚拟内容准确地叠加到相应位置，从而实现虚实结合的效果。增强现实的应用范围广泛，涵盖了导航、维修指导、教育培训和娱乐等多个领域，为用户提供了丰富的信息和便捷的服务。

第三，混合现实作为虚拟现实和增强现实的结合体，能够同时处理现实世界和虚拟内容，并允许用户在两者之间无缝切换。混合现实不仅能够将虚拟物体嵌入到现实环境中，还能使这些虚拟物体与现实环境产生交互。这种技术在复杂系统的可视化、协同工作和远程操作等方面展现出巨大潜力，有助于提高工作效率和增强用户体验。

虚拟环境的表现形式通过不断发展和创新，极大地拓展了人类感知和交互的边界。这些技术不仅提升了用户的体验和便利性，也为各行业的数字化转型和智能化发展提供了有力支持。随着技术的进一步成熟和普及，虚拟环境将在未来的社会和经济中扮演更加重要的角色。

（二）虚拟现实技术的特征

虚拟现实基于动态环境建模技术、立体显示和传感器技术、系统开发工具应用技术、实时三维图形生成技术、系统集成技术等多项核心技术。

1. 交互性

虚拟现实技术的核心之一在于其高度发达的交互性，这使得用户能够以接近自然的方式与虚拟环境进行互动。交互性的实现依赖于虚拟现实系统中特殊的硬件设备，如数据手套和力反馈装置等，这些设备不仅提供了操作物体的真实感觉，还能及时反馈用户的动作，从而增强用户的沉浸感和参与感。

（1）交互性体现在用户能够自然地操作虚拟环境中的物体。通过数据手套等设备，用户可以模拟现实世界中的各种动作，如抓取、推拉和旋转等，同时能够感受到物体的重量和形状，使得交互过程更加真实和生动。这样，用户在虚拟环境中进行操作时，仿佛置身于真实的物理世界中，体验到逼真的触觉反馈。

（2）交互性体现在系统对用户行为的实时反馈能力上。例如，在虚拟驾驶模拟系统中，用户不仅可以操作方向盘和控制面板，还能感受到车辆行驶时的震动和转向力反馈。这些反馈信息根据用户操作的即时变化而产生，从而增强了驾驶体验的真实感和沉浸感，使用户能够更直观地感知和控制虚拟环境中的动态变化。

（3）虚拟现实系统中的交互性不仅限于手部操作，还包括头部、眼部及身体其他部位的运动。用户可以通过移动头部来改变视角，或者通过眼部注视物体来触发系统的相应反应。这种多感官交互设计，使得用户能够更加自然地探索和操作虚拟环境，提高了用户对虚拟体验的参与度和投入感。通过这些交互方式，用户能够全方位地感受虚拟环境中的各种元素，进一步增强了体验的沉浸感和真实性。

2. 沉浸感

沉浸感作为虚拟现实技术的核心特征，是指用户在使用虚拟现实系统时，感觉自己仿佛完全置身于一个由计算机模拟的虚拟世界之中，从而由被动的观察者转变为积极的参与者，并与虚拟世界中的环境、对象进行互动。这种感受的实现依赖于多种技术手段，包括视觉、听觉和触觉等多种感知功能的高度仿真。

（1）视觉沉浸是通过高清晰度的三维立体图像和逼真的场景设计实现的。用户通过头戴式显示器等设备，能够感受到自己身处于一个真实存在的虚拟环境中，这种视觉沉浸能够让用户感受到身临其境的体验。同时，系统还通过动态跟踪用户的头部运动，实时更新视角，使用户在虚拟世界中看到的一切都能够与其真实的运动行为同步变化。

（2）听觉沉浸技术在虚拟现实中的应用也非常关键。通过精确的音响效果仿真，虚拟现实系统能够使用户听到来自不同方向的声音，从而增强虚拟环境的真实感和沉浸感。这种技术不仅仅是简单的声音播放，而是通过空间音频处理，使得用户可以感知到音源的方向和距离，进一步提升了虚拟环境的逼真度。

（3）触觉沉浸技术则通过数据手套等交互设备实现，使用户能够在虚拟环境中触摸和操作物体。这种技术不仅仅局限于静态的触感反馈，还包括动态的物体运动响应，即当用户在虚拟环境中进行动作时，系统能够模拟相应的触感体验，增强了用户的互动体验和沉浸感。

3. 构想性

构想性指通过虚拟环境的创造性构想和设计，实现超越现实的想象和目标。尽管虚拟现实技术基于对现实世界的模拟，但其模拟对象本身是虚拟的，这赋予了设计者以无限的创造空间，能够构建出超越现实的情景和体验。在虚拟现实系统中，设计者可以通过高度的定性和定量思维，结合多种综合集成的技术手段，实现理念和形式的创新。这种创新不仅是技术上的突破，更是对人类认知和探索能力的一种挑战和发展。通过虚拟现实，人们可以以全新的方式理解和体验世界，突破日常生活的局限，进入到既有的、未来的甚至是不可能的场景中，从而拓展了人类的想象力和创造力。

虚拟现实系统不仅是媒体或高级用户界面的扩展，更是解决工程、医学、军事等领域问题的重要工具。例如，在工程领域，虚拟现实技术能够模拟复杂的设计和制造过程，帮助工程师预测和解决潜在问题；在医学领域，它用于手术模拟和医学培训，提升医生的技能和准确性；在军事应用中，虚拟现实技术用于战场模拟和训练，增强士兵的应对能力和战术意识。这些应用充分展示了虚拟现实技术在各个领域的构想性和实用性，为解决实际问题提供了新的手段和方法。

此外，虚拟现实技术还能够让人类超越传统的生理限制，进入宏观或微观世界进行探索和研究。通过虚拟现实系统，科学家可以模拟天体运行的复杂过程，或者是分子结构的微观世界，从而加深对自然界的认识和理解。这种能力不仅提升了科学研究的效率和准确性，也推动了科学进步和人类认知能力的发展。虚拟现实技术的构想性，使其不仅是技术应用的前沿，更是人类探索未知世界和突破自身局限的有力工具。

二、虚拟现实技术在计算机教学中的应用

虚拟现实技术作为现代教育领域的重要突破，正在不断革新传统教学模式。虚拟现实技术通过提供高度沉浸式的学习环境，使学生能够更为直观地理解和掌握复杂的计算机概念和技术。其多样化的应用场景和创新的教学方法，显著提升了教学效果，推动了计算机教育的发展。

第一，虚拟现实技术为计算机教学提供了一个动态且互动的学习平台。学生可以在虚拟实验室中进行实际操作，模拟真实的计算机系统和网络环境。这种沉浸式的体验不仅提高了学生的实践能力，还增强了他们对理论知识的理解。虚拟现实技术通过三维可视化，将抽象的计算机原理具体化，

帮助学生更直观地掌握复杂的概念和算法。这种教学方法有效地弥补了传统课堂教学中缺乏互动和实践机会的不足，极大地激发了学生的学习兴趣和主动性。

第二，虚拟现实技术在计算机教学中，能够提供个性化的学习体验。基于智能化的学习平台，虚拟现实技术可以根据学生的学习进度和个性化需求，定制化地提供教学内容和练习题。这种个性化的教学方式，能够有效地提高学生的学习效率和学习成果。同时，虚拟现实技术还可以通过实时数据分析，监测学生的学习情况，及时调整教学策略和内容，确保每个学生都能获得最佳的学习体验。

第三，虚拟现实技术打破了传统教学中时间和空间的限制，使学生和教师能够在虚拟环境中进行实时互动和交流。这种沉浸式的学习体验，使远程教学不再局限于单向的信息传递，而是变成了一个多维度的互动过程。学生可以在虚拟教室中进行小组讨论、项目合作和实践操作，提高了远程教学的参与度和互动性，增强了学生的学习体验和学习效果。

第四，虚拟现实技术为计算机教学引入了更多的创新和创意。通过虚拟现实技术，学生可以参与到虚拟项目开发、虚拟系统设计等实践活动中，培养他们的创新思维和实践能力。虚拟现实技术的多样化应用场景，为计算机教学提供了丰富的教学资源和工具，使教学内容更加生动有趣，教学方法更加灵活多样。教师可以利用虚拟现实技术，设计出更加符合学生认知规律和学习兴趣的教学活动，提升教学效果。

虚拟现实技术在计算机教学中的应用，是现代教育技术发展的重要成果。通过虚拟现实技术，学生能够在沉浸式的虚拟环境中进行学习和实践，获得更加直观和深刻的理解。虚拟现实技术为计算机教学提供了多样化的教学资源和交互方式，极大地提升了教学效果和学生的学习体验。虚拟现实技术的引入，使计算机教学更加生动有趣，教学方法更加灵活多样，推动了计算机教育的发展和创新。

参考文献

［1］曹敬馨. 当代大学计算机应用基础教育教学创新［J］. 食品研究与开发，2020，41（24）：259.

［2］曹巍耀. 计算机 CPU 散热技术研究［J］. 科技风，2016（22）：37.

［3］程实，陈蓉，施佺，等. 大学计算机基础教学内容改革探索［J］. 实验技术与管理，2019，36（10）：243-246.

［4］董东顺. 在中学计算机教学中有效应用多元化教学的策略［J］. 新课程，2022（34）：134.

［5］杜星月，李志河. 基于混合式学习的学习空间构建研究［J］. 现代教育技术，2016，26（6）：34-40.

［6］段若琼. 互联网时代职业院校大学生计算机教育教学创新［J］. 食品研究与开发，2021，42（13）：236.

［7］方霞. 计算机实践教学中评价体系的构建［J］. 计算机工程与科学，2016，38（S1）：108-111.

［8］桂小林，何钦铭. AI 赋能的大学计算机通识教育的体系化改革探索［J］. 中国大学教学，2024（4）：4-11+2.

［9］郭建鹏. 翻转课堂与高校教学创新［M］. 厦门：厦门大学出版社，2018.

［10］韩浦霞. 大数据技术综述［J］. 天津职业院校联合学报，2020，22（12）：113.

［11］何钦铭，王浩. 面向新工科的大学计算机基础课程体系及课程建设［J］. 中国大学教学，2019（1）：39-43.

［12］何啸峰，李海燕，鹿江春. 计算机基础教学中计算思维能力培养研究［J］. 实验技术与管理，2018，35（9）：214-217.

［13］景红，苏斌. 大学计算机基础课程教材建设的实践研究［J］. 教育与职业，2006（12）：68-69.

［14］李辉，拓明福，张红梅. 计算机基础课程分层次教学改革初探［J］. 计算机工程与科学，2016，38（S1）：262-264.

［15］李祁，杨玫，韩秋枫. 基于雨课堂的智慧教学设计与应用——以《大学计算机基础》为例［J］. 计算机工程与科学，2019，41（S1）：139-143.

［16］李秀，陆军，牛颂杰，等. 人工智能时代计算机基础课程建设与教育教学思考［J］. 清华大学教育研究，2024，45（2）：42-49+70.

［17］李瑛，刘瑜，李祁. 利用 MOOC 开展计算机基础教学改革实践［J］. 计算机工程与科学，2016，38（S1）：237-240.

［18］李勇. 高校计算机微课教学体系构建策略［J］. 百科论坛电子杂志，2020（13）：1316.

［19］蔺婷. 虚拟现实技术与计算机技术的应用［J］. 信息记录材料，2024，25（4）：82.

［20］刘凯，张立民，张兵强. 基于人工智能的大学计算机基础综合实验设计［J］. 实验技术与管理，2020，37（4）：196-200+237.

［21］柳泉，张晗. 计算机程序设计基础课程中计算思维的培养［J］. 计算机工程与科学，2016，38（S1）：167-169.

［22］吕洁，李瑛，杜晶. 以计算思维为导向的大学计算机基础课程改革的实践与探索［J］. 计算机工程与科学，2019，41（S1）：1-5.

［23］缪静敏，汪琼. 高校翻转课堂：现状、成效与挑战——基于实践一线教师的调查［J］. 开放教育研究，2015，21（5）：74.

［24］钱宇华. 大学计算机基础通识课程的教学设计与实践［J］. 中国大学教学，2017（10）：83-87.

［25］冉新义. 混合式学习的理论与应用研究［M］. 厦门：厦门大学出版社，

2018.

[26] 孙学军. 基于大数据的计算机基础教学改革研究 [J]. 电脑知识与技术，2021，17（28）：237-238+249.

[27] 孙亚飞，张珏，张靖宇. 人工智能时代的计算机基础教学改革 [J]. 当代教研论丛，2019（9）：11-12.

[28] 万晓云. 互联网时代高校计算机教育教学课程实践 [J]. 食品研究与开发，2021，42（6）：235.

[29] 王娜. 多元化的教学方式在计算机实践教学中的应用研究 [J]. 佳木斯大学社会科学学报，2012，30（1）：173.

[30] 吴宁，薄钧戈，崔舒宁，等. 大数据时代计算机基础教学改革实践与思考 [J]. 中国大学教学，2020（Z1）：42-45.

[31] 伍李春，李廉. 新工科背景下的计算机通识性课程建设 [J]. 中国大学教学，2017（12）：62-69.

[32] 席宁. 计算机教育移动网络课堂发展探究 [M]. 成都：电子科技大学出版社，2019.

[33] 谢志坚. 计算机应用软件开发技术支撑思考 [J]. 电子世界，2020（15）：53-54.

[34] 徐翠莲. 虚拟现实技术在计算机教学中的应用 [J]. 农家参谋，2018（1）：211.

[35] 许亚锋，尹晗，张际平. 学习空间：概念内涵、研究现状与实践进展 [J]. 现代远程教育研究，2015（3）：82-94＋112.

[36] 杨春哲，常涵吉. 基于遗传算法的大学计算机基础自动组卷方法 [J]. 现代电子技术，2018，41（11）：171-174.

[37] 姚韵. 计算机基础教学的"点"与"面"——评《计算机基础教学的现状和发展趋势研究》[J]. 林产工业，2019，56（11）：120.

[38] 远新蕾，赵杰，陈敏. 信息技术支持下的课堂教学 [M]. 北京：冶金工业出版社，2017.

［39］云微．创新创业背景下农业高校计算机课程改革研究［J］．中国果树，2021（12）：124.

［40］张冰冰．人工智能的发展和现状［J］．科学与信息化，2021（26）：126.

［41］张娟，孟晓莉，鲍建成．"计算机应用基础"课程移动立体化教材建设研究［J］．实验技术与管理，2018，35（6）：156-158.

［42］张所娟，郝文宁，李辉，等．多场域导向的大学计算机基础课程实践教学范式研究［J］．计算机工程与科学，2019，41（S1）：85-90.

［43］张鑫，王明辉．中国人工智能发展态势及其促进策略［J］．改革，2019（9）：31.

［44］赵永梅，安利，拓明福，等．《大学计算机基础》课程的对分课堂教学模式设计［J］．计算机工程与科学，2019，41（S1）：76-80.